Obst- und Gartenbauverlag München

Franz Mühl

Alte und neue Birnensorten, Quitten und Nashi

Kulturgeschichte – Anbau – Sorten

Mit einer Einführung von Marianne Beuchert

Bayerischer Landesverband für Gartenbau und Landespflege e. V.

Herausgeber:
Bayerischer Landesverband für Gartenbau und Landespflege e. V.
Herzog-Heinrich-Straße 21, D-80336 München

E-Mail:
info@gartenbauvereine.org

Internet:
www.gartenratgeber.de

Auflage:
4. Auflage 2014, ISBN 978-3-87596-096-9

Bearbeitung:
Franz Mühl
Die Bilder der historischen Birnensorten sind entnommen aus *Jacobus Tabernaemontanus, Neu vollkommen Kreuterbuch, 1731*. Die dort verwendeten botanischen Bezeichnungen sind heute nicht mehr gültig.

Reproduktion:
MMIntec GmbH, Miesbach

Druck:
Mayr Miesbach GmbH, Miesbach

Zu diesem Buch

Birnen haben zwar nicht die umfassende Bedeutung wie Äpfel – höhere Ansprüche an Boden und Klima, dazu die geringere Lagerfähigkeit sind die hauptsächlichen Ursachen. Dennoch bestimmen Birnbäume das Bild der Gärten und der Landschaft wesentlich mit. Die markante Wuchsform machen sie zum beliebten Haus- oder Hofbaum.

Im Garten bereichern sie das Obstangebot über viele Monate. Durch die leichte Formierbarkeit lassen sich erstaunliche Erträge von kleinen Flächen erzielen, und durch den Anbau am Spalier erhält man sogar dort gute Ergebnisse, wo es sonst durch die Ungunst der Klimaverhältnisse nicht mehr möglich wäre.

Nicht zu vergessen sind auch die unverwechselbaren Bäume auf den Obstwiesen oder in der Feldflur, die ein hohes Alter erreichen können. Ihre Früchte sind wieder geschätzt, da sie den begehrten Apfelwein lieblicher machen.

Die Quittenkultur ist seit 4000 Jahren in den wärmeren Teilen Europas und Nordafrikas nachweisbar.

Wer sich intensiv mit der Quitte beschäftigt, wird sich fragen, wie es möglich war, dass dieses wertvolle, schöne und ungemein wohlriechende Obst bei uns derart in Vergessenheit geraten konnte. Obwohl eine altvertraute Obstart, gehörte sie doch lange Zeit zu den echten Exoten in den Gärten und Kochtöpfen. Jetzt ist sie plötzlich wieder buchstäblich „in aller Munde". Gärtner und Feinschmecker haben sie als attraktive, pflegeleichte Pflanze und als Frucht mit wertvollen Inhaltsstoffen entdeckt. Das Angebot an Sorten wird bei gesteigerter Nachfrage sicher noch zunehmen.

Die in unseren Gärten wenig verbreitete Asienbirne ist weltweit mit über 100 Sorten vertreten. Sie hat in ihren ostasiatischen Ursprungsländern eine Anbautradition von mehr als 3000 Jahren und weltweit eine weit größere Bedeutung als unsere Birnen.

Überall dort, wo Birnen gedeihen, wachsen auch Nashis. Auch sie können an Spalieren oder als Hecke oder Spindel gezogen werden. Die Bäume sind robust und frostfest und blieben bisher vom Birnengitterrost verschont. Sie sind aber empfindlich gegen Krebs und Feuerbrand.

Nashis zählen zu den weltweit saftigsten Früchten, sind süß, aber ohne Aroma. Geschmacklich ähneln sie den Birnen, von der Form und Konsistenz eher dem Apfel. Die Nashibirnen sind etwas für den Liebhaber, eine wesentliche Bereicherung für unser Obstsortiment scheint diese Obstart nicht zu sein.

Das Sortenspektrum bei den Birnen und den Nashis wurde für die inzwischen 4. Auflage des Buches vom Obstexperten der LWG Hubert Siegler (Bayerische Landesanstalt für Weinbau und Gartenbau in Veitshöchheim), die Quittensorten von der deutschen Quitten-Expertin Monika Schirmer aus Regensburg geprüft und aktualisiert.

Möge dieses Buch dazu beitragen, dass jeder Obstfreund die seinem Geschmack und Bedürfnissen entsprechende Sorte findet.

Bayerischer Landesverband
für Gartenbau und Landespflege

Inhalt

Die Birne

Die Quitte

Nashi, die Asienbirne

Birnen sind mächtige, landschaftsprägende Bäume. Auf Sämling veredelt können sie mehrere hundert Jahre alt werden.

Die Birne

Der Birnbaum

Die mächtigen Birnbäume in der Feldflur muss man sich in ihrer frühen Form als kleine, struppige, dornbewehrte Gehölze mit mehr oder weniger strauchartigem Wuchs vorstellen, wie sie auch schon von Aristoteles und Theophrast (um 350 v. Chr.) beschrieben wurden. Allerdings unterschieden sie bereits zwischen „wilden" und „balsamischen" Birnen. Bis jetzt kann man sie, in unterschiedlicher Form, in unberührten Wäldern Europas noch finden. Die Wildbäume sind wegen ihrer Dornzweige aber nur schwierig zu beernten, wenn man die Früchte als Zusatz zum Apfelmost holen will.

Durch die Jahrhunderte langen Auslesen haben sich ihre Eigenschaften vielfältig gewandelt, sodass man die „Wildbirnen" nur mehr als einen Oberbegriff für die zahlreichen Formen der Holz- und Mostbirnen ansehen kann. Manche sind wahrhaft landschaftsprägende Wahrbäume in der Feldflur oder stattliche Hausbäume mit oft ehrwürdigem Alter. So soll 1954 im Kreis Schaffhausen eine Holzbirne gefällt worden sein, die bereits im Jahr 1711 beschrieben wurde. Heute noch steht an einem Haus des Wintersportortes Mallnitz, am Fuße der Hohen Tauern, in 1400 m Höhe (!) ein mächtiger und gesunder Baum, der schon über 250 Jahre alt sein soll. Während man bei einem Apfelbaum-Sämling von einer Lebenserwartung von etwa 100 Jahren ausgeht, können Birnen mehr als 300 Jahre überdauern.

Das harte Holz schätzt man wegen der gleichmäßigen und sehr schönen Maserung, nicht nur bei Tischlern, Holzschnitzern und Bildhauern. Es war seit jeher wegen seiner Härte auch als Bauholz begehrt. Nach altem Brauch schlug man die Bäume (in Kärnten heute noch) „beim hellen Schein", also zum Vollmond in der Weihnachtszeit, wenn sie gerade in der absoluten Saftruhe sind. Dann wurde das Holz noch jahrelang luftig gelagert und erhielt so die erwünschte Festigkeit, vor allem eine große Widerstandskraft gegen Feuer und Holzschädlinge. Nur so war es möglich, dass Fachwerkbauten, ohne unsere heutigen Imprägniermethoden, die Jahrhunderte überdauern konnten.

Die Birnbäume im Volksglauben

Bei unseren germanischen Vorfahren besaßen die Wild- oder Holzbirnen eine tiefe religiöse Bedeutung. Meist standen sie als einzelne „Wahrbäume" in der Feldflur und waren oft Wirtspflanzen der geheimnisvollen Misteln. Solche Bäume sahen die Menschen stets als Wohnsitz der Götter oder rätselhafter Drachen an. Die Volksstämme der Wenden und Sorben in der Lausitz haben für Birnen und Drachen noch dasselbe Wort: *„Plonica"*.

Die christlichen Missionare sahen in den mächtigen und bizarren Baumgestalten, von den Menschen verehrt und den Göttern geweiht, kraftvolle Symbole des Heidentums und daher eine Gefahr für die Verbreitung ihres Glaubens. Zusammen mit den ebenfalls heiligen Eichen wurde deshalb der größte Teil dieser ehrwürdigen Bäume von ihnen im Übereifer gefällt. So geschah es auch der sagenhaften „Donareiche" bei Fritzlar, 723 gefällt von Bonifatius, dem „Apostel der Deutschen".

Regalbyren. Pyra regalia.

Alandrbyrn. Pyra palantina.

Später hat man in den Klostergärten die wohlschmeckenden Edelbirnen aus römischen Gärten gerne aufgenommen und weiter entwickelt. In der Symbolsprache einst Aphrodite und Venus zugeordnet, weihte man sie spätestens ab dem Mittelalter nun Maria und Jesus. Dazu trug wohl auch das reine Weiß ihrer Blüten mit den tiefroten Staubgefäßen bei. Die Blüten wurden Sinnbild der Jungfräulichkeit Mariens und des Blutes Jesu, die Früchte aber Symbol der Zuneigung und des Wohlgefühls. Im Gegensatz dazu trennte man die wilden Holzbirnen in der Symbolik ab und bezeichnete sie fortan als Wohnsitz von Dämonen und bösen Geistern.

Angeblich verwendete man die Birnenrinde zu bestimmten Ritualen in der schwarzen Magie. Die Früchte sollten den jungen Hexen zur Übung dienen, sie in Mäuse zu verwandeln, bevor man sie später lehrte, selbst zum Birnbaum zu werden. Apfel und Birne waren ein „Paar", das man oft zusammenpflanzte. Die Birne galt als der männliche Teil, dem die Mädchen mehr zugetan waren und den sie nach ihrer künftigen Lebensentwicklung befragten. Dagegen galt der Apfelbaum den Burschen als Losbaum.

Nach altem Glauben beherbergt der Holunder die guten Hausgeister, die Hasel soll Blitz und Donner von Haus und Hof fernhalten, der Nussbaum beherrscht die bösen Luftgeister, und die Birne nimmt die Krankheiten der Menschen auf sich. Möglicherweise liegen nach der Überlieferung hier die Gründe, warum diese Bäume bis zum heutigen Tag in unserem Wohnumfeld gerne gepflanzt werden und die Birne sich als Charakterbaum noch immer behaupten kann.

Die Entwicklung der Kulturbirne

Unter den zahlreichen Arten der Gattung *Pyrus* wurde 1998 die Holzbirne (*Pyrus communis*) als Baum des Jahres erwählt und damit als besonders schützenswerte Wildbirne eingestuft. Aber welche wird wohl gemeint sein? Ein Blick in alte Sortenbücher, u. a. von Jacobus Tabernaemontanus (1731) lehrt uns, dass es schon damals eine Reihe von Sorten der „Holzbirnen" gab. Mit Sicherheit existiert die ursprüngliche Wildbirne nicht mehr. Das wird auch verständlich, wenn man die Geschichte der Birnen betrachtet.

Unsere Kultursorten stammen von *Pyrus communis* ab, von der man die frühesten Hinweise in den Erdschichten des Tertiär fand, in den Bergen des heutigen West- und Südwestchinas. Viele andere Rosengewächse – Birnbäume zählen auch dazu – hatten hier ihre Urheimat und werden von dort aus ihre Wanderung über die nördliche Erdhälfte begonnen haben. Allerlei Tiere, denen die noch kleinen, säurereichen und steinigen Birnfrüchte zur Nahrung dienten, mögen die Samenkerne entlang ihrer Wanderwege nach Norden verbreitet haben. Unendlich langsam entstanden durch die Notwendigkeit der Anpassung an die neuen klimatischen und geologischen Verhältnisse oft lokal beschränkt auftretende Wildsorten mit der heutigen Sammelbezeichnung Pyrus communis, die „gewöhnliche Birne". Unter der Bezeichnung *Pyrus domestica* (*domus* = Haus) sind nach den Nomenklaturregeln vorläufig alle Kulturbirnen zusammengefasst.

Frühbyrn.
Pyra præcocia.

Jacobsbyrn.
Pyra Jacobæa.

Groß Holtzbyrn.
Pyra ſylveſtria majora.

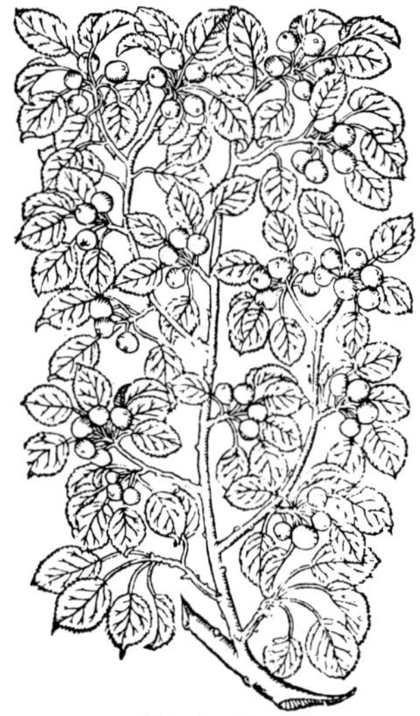

Klein Holtzbyrn.
Pyra ſylveſtria minima.

Vorgeschichtliche Zeit

Als der Mensch die Bühne dieser Erde betrat, zunächst als Sammler, von Wildfrüchten sich ernährend, konnte der zweite Evolutionsweg, „die Evolution durch Domestikation", wie Charles Darwin es bezeichnete, beginnen. Die Bäume, deren Früchte den Menschen besser schmeckten, wurden am intensivsten abgeerntet und so bereits eine Frühform der züchterischen Auslese eingeleitet. Sicher wurden oft die Fruchtkerne im Weiterwandern ausgespuckt und erfuhren so eine Verbreitung. Erhalten blieben im Laufe großer Zeiträume die „Qualitätsauslesen".

In Vorderasien sind datierbare Reste von Birnen als menschliche Speise im 2. und 3. Jahrtausend nachgewiesen, in Europa in den Pfahlbauten der Schweiz und Frankreichs. Nach der letzten Eiszeit, in der großen Wanderungsbewegung der Pflanzen, hatten sie sich in Griechenland, auf dem Balkan, in Italien und Mitteleuropa ausgebreitet.

Griechenland und Rom

Homer nannte die Birnen eine „Göttergabe" und erzählt, dass sie in dem Garten des Königs Alkinoos wuchsen. Klima und Boden in Griechenland sind ihnen günstig und sie müssen der Geschmacksrichtung der Griechen ganz besonders entsprochen haben. Sie rühmten den Peloponnes als „*Apia*", das Birnenland. Über die Seidenstraße kamen Zucht- oder Ausleseformen und Wildlinge aus Ostasien dazu.

Etwa 20 - 30 Sorten sollen es damals schon gewesen sein, die man genau nach ihren Standortwünschen und Verwendungsformen zu unterscheiden wusste. Und was das Erstaunlichste ist: In der Zeit der griechischen Hochkulturen kannte man bereits die Methode der vegetativen Vermehrung durch Veredlung. Wie viele gärtnerische Techniken, wurde dieses Wissen aber weit über ein Jahrtausend als Geheimwissen nur im engen Kreis der Familie oder von Lehrer zu Schüler weitergegeben, denn Wissen bedeutete damals Macht und damit auch Reichtum.

Doch es war nicht zu verhindern, dass mit der Ausbreitungspolitik des Griechentums in die eroberten Länder auch das gärtnerische Wissen wanderte, vor allem nach Rom und später weiter mit den römischen Legionären nach England und Mitteleuropa. Plinius d. Ä. beschreibt exakt 40 Sorten mit ihren Eigenschaften. Die Reiser werden mit dem Tross über die Alpen gezogen sein und wurden zur Bereicherung der römischen Küche dort auf einheimische Wildbirnen veredelt.

Strengling oder Rittersbyrn.
Pyra ſtrangulatoria.

Holtzbyrn.
Pyra ſylveſtria.

Seydlinger.

Läußbyrn.
Pyra pedicularia.

Mittelalter

Viele hundert Jahre haben nach dem Abzug der Römer die Birnen, ebenso wie viele andere frühe gärtnerische Kulturpflanzen, in den Klostergärten bei Mönchen und Nonnen, einige wohl auch in den engen Burggärtlein der Ritter, ohne wesentliche Veränderung ihrer Qualitätsmerkmale überlebt.

Hatte Plinius geschrieben: *„Von allen Birnen ist die 'Crustumian' die Beste"*, so glaubte im 17. Jahrhundert De la Quintinie, der scharf beobachtende Hofgärtner des Sonnenkönigs, die Winterbirne 'Bon Chretien' als die 'Crustumian' identifizieren zu können. Viele dieser frühen Birnensorten werden der europäischen Holzbirne mit ihrem festen, knusprigen Fleisch sehr ähnlich gewesen sein. Meist wird man sie gekocht genossen haben, damit sie einigermaßen wohlschmeckend und besser verträglich wurden. Roh wurden sie fast verabscheut und im frühen Mittelalter sagte man: *„Birnen ohne Wein sind Gift"*, oder noch treffender: *„Nach einer Birne Wein oder den Priester"*.

In England erschien 1086 die „Domesday-Handschrift", in der Details der Anpflanzung und Veredlung berichtet wurden. Zur Modefrucht avancierte die Birne aber erst wieder im 13. Jahrhundert. Damals erwachte, vor allem in England, aber auch in Frankreich, Deutschland und den Niederlanden ein gesteigertes Interesse an systematischem Gartenbau. In England sieht man den Grund dafür in der Einflussnahme zweier Königinnen, Eleanor von Provence, der Gattin Heinrichs III., und Eleanor von Castilien, die deren Sohn Edward I. heiratete. Beide werden als tüchtige Gärtnerinnen geschildert, die immer bereit waren, ihr Wissen um die Pflanzen weiterzugeben. Beide hatten auch ihren Heimatländern Reiser neuer Birnensorten mitgebracht, die sich nun im englischen Klima bewähren mussten. Als feinste Speise, die man einem Gast anbieten konnte, galt zu ihrer Zeit eine im eigenen Garten gewachsene, gekochte Birne. Andererseits heißt es noch gut einhundert Jahre später in den Ingoldsby-Legenden: *„A Warden pies a dainty dish, to mortify a witch"* (Eine Torte aus Warden-Birnen ist eine köstliche Speise, Hexen zu töten). Ob für diesen Glauben wichtig war, dass die Sorte 'Warden' 1388 bei den Zisterzienser-Mönchen in Bedfordshire entstanden war und man deshalb besondere, heilige Kräfte in ihr vermutete, sei offen gelassen. Ganz eindeutig jedoch waren, neben den Königshäusern und dem Landadel, die Klöster führend geworden in der Züchtung und Auslese neuer Sorten. Wobei es unklar bleibt, ob es tatsächlich bewusste Kreuzungen waren oder Zufallssämlinge durch natürliche Kreuzbefruchtung. In kirchlichen Kreisen hatte man offenbar vor der

Keeßbyrn.

Kochelbyrn.

Winterbyrn.
Pyra praſſina hyemalia.

Zuckerbyrn.
Saccharapia.

Veröffentlichung von DARWINS „Entstehung der Arten" ein viel unkomplizierteres Verhältnis zur Pflanzenzüchtung als danach. Viele der köstlichen Obstzüchtungen des 17. und 18. Jahrhunderts sind in Klöstern entstanden. Dagegen musste der russische Obstzüchter Wladimirowitsch MITSCHURIN sich noch Ende des 19. Jahrhunderts von Popen der russischen-orthodoxen Kirche den Vorwurf gefallen lassen, er verwandle den Garten Gottes in ein Freudenhaus. Die Kirche forderte von ihm die Einstellung der Hybridisierung und ein – vermutlich kirchlich beeinflusster zaristischer Beamter – nannte verächtlich alle seine Züchtungen „illegitime Kinder".

Züchtungs- und Veredlungsverfahren

Aber bis dahin war noch ein weiter Weg. Dazwischen lag die Anreicherung des Gen-Materials durch die begeisterten französischen und belgischen Züchter, die Verbesserung der Schnitt-Technik, aber zunächst vor allem die bessere Verbreitung der Kenntnisse der Veredlungstechniken. Im deutschsprachigen Raum, aber auch in Tschechien, geschah dies durch das Pelzbuch des GOTTFRIED VAN FRANKEN. Es erschien im 14. Jahrhundert, wurde offenbar rasch in zahlreiche Handschriften kopiert, später gedruckt und bis ins 18. Jahrhundert als Standardwerk verbreitet. Es durchbrach in diesem Sprachraum zum ersten Mal die Geheimnistuerei um die Veredlungskunst und machte zumindest die Gebildeten, die lesen gelernt hatten, mit den verschiedenen Techniken bekannt, die man schon mehr als eineinhalb Jahrtausende früher in Griechenland perfekt beherrscht hatte. Er berichtet in seinem Buch, wie er selbst unter dieser Geheimnistuerei gelitten, als man ihm während einer Reise in Athen einen Kirschbaum gezeigt, der drei verschiedene Sorten Kirschen trug, ihm aber nicht sagte, wie dieses Wunder eines Naschbaumes zustande gekommen war. Durch Nachdenken kam er darauf, erlernte, vom Ehrgeiz gepackt, in verschiedenen Teilen Europas mehrere Techniken der Veredlung und beschrieb in seinem Pelzbuch sechs Arten, Wein, Obst oder Rosen zu veredeln. Bei der Beschreibung der Birnen geht er ausführlich darauf ein, wie wichtig sie seien, um Wein auf seine Reinheit zu prüfen. Wenn man eine Birne in ein Weinfass werfe und sie schwimme zur Oberfläche, so sei er rein. Fällt sie aber zu Boden, so war nach seiner Meinung der Wein mit Wasser vermischt.

Mit dem Ausdruck „pelzen" bezeichnete man im Mittelalter und auch später noch das Veredeln von Gehölzen. Der Pelzer – oder auch Paelzer oder Paeltzer – war der Mann, der diese Tätigkeit mit Erfolg ausführen konnte. Es war ein hoch geachteter Berufsstand, dessen Mitgliedern als einzigen Bürgern erlaubt war, einen Degen

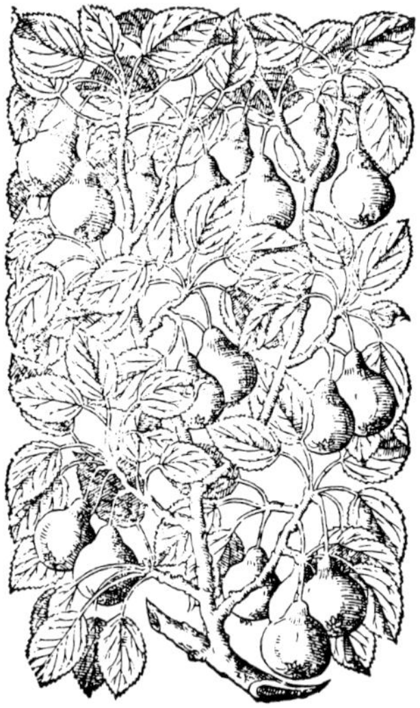

Grauling.
Pyra praſſina.

Scheibelbyrn.
Pyra rotunda.

Kyttenbyrn.
Pyra cydonia.

Kragelbyrn.
Pyra ſuperba.

zu tragen. Etwa von der Mitte des 17. Jahrhunderts an, parallel mit dem Aufblühen einer Hochkultur der Gärten in Europa und dem erwachenden Interesse breiter Kreise an einer wirtschaftlichen Nutzung des Obstbaues, erschien eine Flut von Veröffentlichungen über das Veredeln und Erziehen von Fruchtbäumen in England, Frankreich und Deutschland: Das Buch von Leonhard Mascall, das 1569 in London erschienen war, war noch mit einfachen schwarz-weißen Holzschnitten ausgestattet, die vorwiegend Handwerkszeug und Arbeitstechniken erläuterten.

Mit Verbesserung der Drucktechnik und Einführung des Kupferstichs im 17. Jh. wurden Bücher dann zu eigenständigen Kunstwerken. Die Stiche, meisterhaft von Hand koloriert, die Bücher in Leder mit Goldprägung gebunden, wurden zu Schmuckstücken jeder fürstlichen Bibliothek. Gut erhaltene Exemplare davon werden heute fast mit utopischen Summen bezahlt – aber diese sauberen Exemplare, einwandfrei gebunden, ohne Stockflecken und fast oder ganz ohne Randbemerkungen, sie waren wohl nie bis in die Hände der praktisch tätigen Gärtner gekommen, sondern sofort von den Bibliothekaren in Verwaltung genommen worden. Diese Bände waren mit Sortenlisten und Listen der Reifezeiten ausgestattet, die das ganze Jahr frische reife Birnen auf der Tafel der Reichen garantieren sollten.

Die Birnenzüchtung in Europa

Mit dem Beginn der Buchdruckerkunst verbreiteten sich die Kenntnisse über den Obstanbau, speziell über die Birnensorten, sehr schnell in Europa und waren nicht mehr nur auf die Klöster und die herrschaftlichen Residenzgärten beschränkt. Es erschien eine ganze Reihe von teilweise künstlerisch hochwertigem Schrifttum. Hervorzuheben ist eines der bekanntesten Birnenbücher dieser Zeit, verfasst 1628 von Le Lectier, dem Landwirtschaftsminister, Pomologen und Gartensachverwalter des Königs von Orléans. Es enthielt 260 Birnensorten, die er in 8 Reifegruppen einteilte. Die Birnensorte 'Le Lectier' des Züchters Lesueur ist ihm gewidmet und heute noch gut bekannt. Sechzig Jahre später wurden, mit französischen Sortennamen, vom Freiherrn von Heinke 11 Sommerbirnen, 13 Herbstbirnen (darunter 'Bonne Louise') und 11 Winterbirnen aufgezählt, aber nur 8 Apfelsorten. Ein Beweis, dass die damalige Vorliebe eher den Birnen galt.

So beschrieb der „Obstpfarrer" Johann Ludwig Christ (1739–1813) in Kronberg bei Frankfurt in seinem „Pomologischen Handwörterbuch" (1802) 381 Birnensorten ausführlich, teilweise auch kritisch, denn er kannte die meisten aus eigenem Anbau. Einige darunter sind den Damen und der Liebe zugedacht, etwa die *Lie-*

bes-, Schatz- und Engelsbirn, die *Pfalzgräfin, Sommerkönigin, Franzmadame, Venusbrust, Frauenschenkel* und viele andere. In einem anderen Werk schreibt er zum Schluss einen Vierzeiler, der aus dem Stammbuch der heutigen Ökologiebewegung stammen könnte: *„Im schlechtesten Raum/ pflanz einen Baum/ und pflege sein!/ er bringt dir's ein."*

Insbesondere in Belgien gab es eine ganze Reihe von bekannten Birnenzüchtern, unter denen Jean Baptiste VAN MONS wohl einer der bedeutendsten war. Er wurde 1765 in Brüssel geboren und starb, tief enttäuscht, 1842 in der flämischen Stadt Löwen. Ein stattliches Vermögen hatte der begüterte Apotheker, promovierte Mediziner und Professor für Chemie in sein Lebenswerk gesteckt, aber erst nach seinem Tod fand seine großartige Leistung die gebührende Anerkennung. Die meisten seiner Züchtungen sollen verloren gegangen sein durch absichtliche Verwechslung der Edelreiser, mutwillige Vernichtung der Sämlinge oder überraschende Baumaßnahmen auf seinen Anzuchtflächen.

In Deutschland haben weniger die Züchter, als vielmehr herausragende Pomologen mit ihren Obstsammlungen und ausgezeichneten Darstellungen zur Birnenverbreitung beigetragen, darunter Pfarrer Johann Volkmar SICKLER aus Thüringen. Er war von 1794 bis 1804 Herausgeber des Magazins „Der Teutsche Obstgärtner". Die Sorte 'Sicklers Schmalzbirne' erinnert noch heute an den bedeutenden Pomologen (Pomologie ist die Obstkunde, leitet sich ab von (lat.) *Pomona*, der altitalienischen Gottheit der Baumfrüchte).

Während man bei den früheren, mehr oder weniger zufälligen Auslesen und Züchtungen vorrangig die äußere und innere Fruchtqualität bewertete, hat die heutige Züchtung außerdem noch die Bedürfnisse eines umweltgerechten Obstanbaues zum Ziel. Bereits 1912 stellte der Deutsche Pomologenverein die Zuchtziele für die Birnen auf: Es sind Bestandssicherheit und die Widerstandskraft gegen Krankheiten und Schädlinge, v. a. gegen Schorf und Birnenverfall (Pear decline). Heutzutage bemüht man sich zusätzlich um breiten Wuchs, frühen, hohen, regelmäßigen Ertrag, Selbstfruchtbarkeit, Verträglichkeit mit verschiedenen Unterlagen und Widerstandsfähigkeit gegen Feuerbrand. Die Früchte sollen ansprechend farbig und geschmacklich gut sein, druckfest für den Versand, nicht so rasch teigig werden, für Nasskonserven und andere Verwertungsarten brauchbar sein.

Im Gegensatz zu früheren Zeiten ist die Obstzüchtung heute keine Aufgabe mehr für den einzelnen Züchter, sondern beruht in den Obstbauinstituten auf Teamarbeit, spezialisiertem Fachwissen und umfangreicher Labortechnik. Stellvertretend für weitere Standorte sei hier das heutige Institut für Züchtungsforschung an gartenbaulichen Kulturen und Obst in Dresden-Pillnitz genannt.

Züchterschicksale

Ebenso interessant wie das Schicksal vieler Edelsorten ist das ihrer Züchter. Vor Einführung des Sortenschutzes für gärtnerische Neuzüchtungen, der erst in unserer Generation verwirklicht wurde, konnte der Züchter kaum mit einem wirtschaftlichen Erfolg rechnen. Der Lohn seiner Arbeit war nur die eigene Begeisterung für die schöpferische Tätigkeit des Züchtens. Nur wenn das Glück ihm hold war und ihm wirkliche Verbesserungen der bekannten Sorten gelangen und er die Kreuzungen bereits in jungen Jahren ausgeführt hatte, dann konnte er den Erfolg seiner Sorte vielleicht noch erleben und das Lob der Kollegen des In- und Auslandes entgegennehmen. Aber wie oft wird das wirklich der Fall gewesen sein? Und warum kennt man eigentlich nur die Namen von Züchtern und nirgends wird über Züchterinnen berichtet?

Zwei Lebensschicksale bedeutender Birnenzüchter sollen für viele andere, unbekannt gebliebene erzählt werden.

Einer der erfolgreichsten aus der großen Zahl belgischer Birnenzüchter war **Jean Baptist VAN MONS**, in Brüssel 1765 geboren, 1842 in Löwen gestorben. Der Apotheker VAN MONS war hochbegabt, sprach mehrere Sprachen, hatte für die damalige Zeit überraschend große Kenntnisse in Chemie, promovierte als Mediziner. Neben dem Besitz einer Apotheke in Brüssel hatte er seit 1817 einen Lehr-stuhl für Chemie in Löwen.

Er war ein reicher Mann. Seine Leidenschaft galt der Birnenzüchtung, in die er im Laufe seines Lebens über 250 000 belgische France investierte. Die Theorien, nach denen er arbeitete, stimmten nicht. Trotzdem erzielte er blendende Erfolge mit vorzüglichen Sorten. Doch bis auf wenige Sorten ist das gesamte Gen-Material seiner über 90 000 Sämlinge verloren gegangen. Er starb nach 51 Jahren züchterischer Tätigkeit zwar ohne wirtschaftliche Sorgen, aber einsam und verbittert.

Man glaubt, eine Geschichte aus unserer Zeit mitzuerleben, wenn man liest, dass er innerhalb von sechs Wochen ein großes Quartier mit einundzwanzigjährigen Sämlingen für eine geplante Straße räumen musste, diese Straße aber erst zwanzig Jahre später gebaut wurde. Nur wenige der über fünfzigtausend Sämlinge überlebten den Umzug.

Nach 1817 legte er in Löwen vier gänzlich neue Anzuchtgärten an. 1831 verwüsteten französische Soldaten einen davon völlig. 1834 wurde auf dem Gebiet von zwei weiteren Anzuchtflächen ein großer Fabrikneubau errichtet.

Diese böswillige Zerstörung großer Teile dessen, was er als sein wichtigstes Lebenswerk betrachtet hatte, verbitterten den gutmütigen Menschen, der viel verschenkt und wenig verkauft hatte. Da durch Umzüge und Verwüstungen manches durcheinander geriet, Edelreiser vertauscht oder verwechselt wurden, bekam er bei vielen seiner Zeitgenossen den Ruf eines zerstreuten, unzuverlässigen Professors. Erst nach seinem Tode erkannten die Pomologen die Größe seiner Leistung und erst die Nachwelt flocht ihm die verdienten Kränze.

Sehr anders verlief das Leben von Iwan Wladimirowitsch **Mitschurin**. 1855 geboren, starb er 1935 hoch geehrt in der nach ihm benannten Stadt Midschurinsk. Er war der Sohn kleiner russischer Landedelleute, die, als er im Knabenalter war, aus welchen Gründen auch immer, ihr gesamtes Vermögen verloren, sodass er die Schule verlassen und auf der kleinen heimatlichen Bahnstation seinen Lebensunterhalt verdienen musste. Die Lust an gärtnerisch-landwirtschaftlicher Tätigkeit war ihm aber angeboren, denn sein Ur-Großvater hatte sich schon mit Birnenzüchtung beschäftigt. In seinen Lebenserinnerungen erwähnte er, dass es der Traum seines Lebens war, Obstsorten zu schaffen, die für den wirtschaftlichen Anbau wertvoll waren und solche Sorten zu erzielen, die es ermöglichten, den Obstbau näher an den Polarkreis heranzurücken. Tatsächlich gelang es ihm, die Anbaugrenzen des wirtschaftlichen Obstbaues weit nach Norden und Osten auszudehnen.

Doch seine Arbeit wurde im zaristischen Russland nicht gewürdigt, wurde von Kirchenmännern und Staatsbeamten geschmäht. Er war zeitweise so arm, dass er nicht die Etiketten für seine Sämlinge kaufen konnte. Ebenso wie van Mons musste er mehrfach die Anbauflächen wechseln; aus den verschiedensten Gründen. Für die Transporte konnte er sich keine Pferdegespanne leisten. So trug er seine Bäume auf dem eigenen Rücken zur sieben Kilometer entfernten neuen Anlage, jeden Tag sieben Kilometer hin, sieben Kilometer zurück und wieder sieben Kilometer hin und sieben Kilometer zurück. Erst nach der Oktober-Revolution, mit über sechzig Jahren, erfuhr er durch die neuen Machthaber Anerkennung seiner Lebensleistung. Er erhielt ein eigenes Institut, fast jede staatliche Unterstützung und hohe Ehrungen. So kann es kaum wundern, dass er zum praktisch kritiklosen Anhänger der Sowjetunion wurde und sich von dieser als Propagandafigur benutzen ließ.

Seine wohl bekannteste Birnenzüchtung (er versuchte sich in der Züchtung praktisch aller Obstsorten) ist die „Mitschurins Winter-Butterbirne", für die er die sehr frostharte einheimische *Pyrus ussuriensis* mit der Edelsorte 'Beurré Royal' kreuzte.

Da er bemerkte, wie dominant die Wildsorten waren, die er fast immer zur Erzielung einer besseren Winterhärte als einen Elternteil nutze, kam er dazu, als Mutter Sämlinge dieser Wildsorten, die zum ersten Mal blühten, zu nutzen. Auf diese brachte er den Blütenstaub einer Edelsorte auf. Er vertrat den Standpunkt, dass junge Pflanzen noch nicht alle ihre Merkmale voll ausgebildet haben, sodass diese latent bleiben und meist nur die für seine Züchtungsziele wichtigste Eigenschaft, die gute Winterhärte, weitergeben.

Durch die große geologische und klimatische Vielfalt seines Landes bedingt, hielt er gegen Ende seines Lebens die Züchtung lokaler Sorten für die einzelnen Regionen für die beste Lösung. Überlegungen, die dem Wunsch nach Vereinheitlichung der Sorten, den die deutschen Pomologen bereits 1853 in Naumburg formuliert hatten, diametral entgegenstanden.

Der Birnenanbau

Die Anbauplanung

Zunächst scheint eine bestimmte Auswahl angesichts der zahllosen Sorten und Katalogbeschreibungen recht verwirrend und schwierig zu sein. Hinzu kommt noch die Entscheidung für die Baumform, etwa Hochstamm, Halbstamm, Busch, vorgeformtes Spalier oder Containerpflanze. Im Idealfall ist dann der fachliche Rat in einer Baumschule oder im Gartenbauverein anhand eigener Vorgaben sehr hilfreich. Im Familienrat kann dann schließlich ein erarbeitetes Bedarfsraster die denkbaren Sorten auf den tatsächlichen Bedarf eingrenzen:

1. Sortenwahl nach erwünschten Fruchtmerkmalen

Fruchtqualität. Was ist gewünscht? Süß, herb, fest, schmelzend, saftig, trocken? Anlässlich von Obstausstellungen und Erntedankschauen der Gartenbauvereine kann man sich ein Urteil anhand von Geschmacksproben bilden. Mitunter ist das auch bei Baumschulen möglich, die einen „Tag der offenen Tür" veranstalten.

Verwertung. Birnen eignen sich noch mehr als Äpfel für den Frischverzehr. Für die Verwertung sind aber solche Sorten günstiger, deren Fruchtfleisch beim Kochen nicht bräunt (z. B. 'Bosc's Flaschenbirne'), sondern hell bleibt.

Reifezeit. Bei der Sortenwahl sollte berücksichtigt werden, dass die Erntereife nicht in der bevorzugten Reisezeit liegt. Es gilt: Frühsorten so früh wie möglich, Spätsorten so spät wie möglich ernten. Viele Gartenfreunde verhalten sich genau umgekehrt, sie ernten aus Zeitnot die Frühsorten zu spät und die Spätsorten zu früh. Sommer- und Frühherbstsorten sind kurz vor der Baumreife abzunehmen, während Spätsorten an Zucker und Aroma noch zulegen.

2. Sortenwahl nach den sortentypischen Ansprüchen der Bäume

Der Standort. Die Obstbäume müssen sich mit den Gegebenheiten von Klima, Boden, Grundwasser, Wind- und Lichtverhältnissen auseinandersetzen. Kommen sie damit nicht zurecht, reagieren sie oft mit unbefriedigenden und minderwertigen Erträgen, bei gleichzeitigem Befall durch Schwächeparasiten. Für die benötigte Wärmemenge ist die örtliche Jahrestemperatur maßgeblich. Sie wird im Wesentlichen von der Höhenlage bestimmt. Die weitaus meisten Sorten, vor allem die Spätsorten, verlangen einen warmen bis geschützten Standort mit einem langen, warmen Herbst. Nur wenige Sorten begnügen sich mit einer mittleren, noch weniger (meist Lokalsorten) mit einer rauen Höhenlage.

Das Birnenspalier bringt auch bei ungünstigen Klimabedingungen noch gute Ergebnisse.

Boden. Je schwächer der sortentypische Wuchs ist (auch abhängig von der Unterlage), desto besser muss der Boden sein. Allgemein sind leichtere Böden mit ausreichender Nährstoff- und Wasserversorgung besser geeignet als schwere Böden. Bei hohem Kalkgehalt (über pH 7) reagieren die Birnen, speziell auf Quittenunterlage, mit auffälliger Blattvergilbung (Kalkchlorose). Vor der Pflanzung ist deshalb eine Bodenuntersuchung anzuraten. Nur vorübergehende Abhilfe ist in solchen Fällen durch Gießen oder Spritzen mit Eisenchelaten möglich. Chlorosen kommen auch bei Bodenverdichtungen und Staunässe vor. Dann muss die Ursache beseitigt werden.

Holz- und Blütenfrost. Die kalte Luft verhält sich etwa wie das Wasser: Sie fließt hangabwärts und bildet in den Talsenken einen Kältesee. Dort treten oft Spätfröste auf, wodurch die Blüte vernichtet und das Holz geschädigt werden kann. Je nach Sorte besteht eine unterschiedliche Anfälligkeit, die auch von der Unterlage (etwa Sämlingsunterlage) gelenkt wird. Vorsorglich wird man deshalb eine Pflanzung in Talsenken oder an Flussläufen vermeiden.

Befruchtung. Birnen sind fast durchwegs auf den Blütenstaub einer anderen Sorte angewiesen. Gute Ernten sind aber nur dann zu erwarten, wenn gleichzeitig auch ein guter Bienenflug garantiert ist. Wildbienen, Hummeln und andere Insekten alleine reichen für eine bestmögliche Bestäubung nicht aus. Die Anpflanzung eines Pollenspenders ist aber in der Regel nicht erforderlich, da Bienen im Umkreis von mehr als 1 km vom Stock die Blüten aufsuchen.

Die Jungfernfrüchtigkeit kann bei bestimmten Sorten (u.a. 'Jules Guyot', 'Trévoux') auftreten, etwa nach ungenügender Bestäubung.

Ertragsverhalten. Birnen tragen im Vergleich zu Äpfeln zwar regelmäßiger, dennoch sind Ertragsschwankungen (Alternanz) bei einigen Sorten typisch. Durch energisches Ausdünnen bei starkem Fruchtansatz und nach dem natürlichen Junifruchtfall lassen sich diese Ertragsschwankungen mindern oder ganz aufheben. Das Blatt-Fruchtverhältnis soll nach dem Ausdünnen mindestens 20:1 betragen. Ein weiterer Vorteil: Durch diese Maßnahme erschöpft sich der Baum nicht, gewinnt an Winterhärte und wird nicht vorzeitig vergreisen.

Anfälligkeit. Die Widerstandskraft gegen Krankheiten und Schädlinge ist je nach Sorte sehr unterschiedlich. Sie hängt außerdem vom Standort und dem bestmöglichen Pflegezustand (Pflanzenschutz, Schnitt, Düngung, Wasserversorgung) ab. Es ist völlig sinnlos, eine anspruchsvolle Sorte (z. B. 'Williams Christbirne') an einen ungünstigen Standort zu pflanzen und gleichzeitig ohne Pflanzenschutzmittel auskommen zu wollen. Hier gilt ganz besonders: Der Pflanzenschutz beginnt bei der Sortenwahl.

Ausdehnung der Bäume. Abgesehen von der sortentypischen Wuchskraft, wird die Kronen- und Wurzelausdehnung hauptsächlich von der Unterlage bestimmt. Wenn man die Wuchskraft unberücksichtigt lässt, kann es Probleme mit dem Nachbarn geben. Bei der Anbauplanung sind also auch die Grenzabstände einzuhalten.

Mehrsortenbäume

Mancherorts sagt man auch „Naschbaum" dazu, wenn nach einigen Standjahren nachträglich noch weitere Sorten aufveredelt werden. Dadurch fallen die Erntemengen nicht gleichzeitig, sondern sortenweise und mit verschiedenen Reifezeiten an. Auf einem Birnenbusch würden dann der Mitteltrieb (Ursprungssorte) und die 3 Gerüstäste je eine andere Sorte tragen. Zwei Bäume dieser Art könnten 8 Sorten mit 8 verschiedenen Reifezeiten liefern. Dies ist keineswegs eine neue Erkenntnis, denn im 19. Jh. war es ganz selbstverständlich, dass die Bäume mehrere Sorten trugen. So werden zu große Erntemengen zum selben Zeitpunkt vermieden, die einen Haushalt leicht überfordern können. Allerdings sind hierzu Veredelungskenntnisse erforderlich.

Der Mehrsortenbaum war also keine Spielerei, sondern hatte ganz einfach praktische Gründe.

Die Bedeutung der Unterlage

Die Unterlage, also der Wurzelteil eines Obstgewächses, wird in seiner Bedeutung oft unterschätzt. Neben der Sortenkenntnis sollte man aber auch darüber gut Bescheid wissen. Jeder Obstbaum unserer Kultursorten besteht aus zwei, manchmal auch aus drei Pflanzenteilen, die in der Baumschule durch Veredelung zusammengefügt werden. Fachlich wird der Wurzelteil als „Unterlage" bezeichnet, während die Edelsorte Stamm und Krone bildet. Heute vermehren Spezialbaumschulen so genannte Typenunterlagen, passend für die verschiedenen Anforderungen des Obstanbaues.

Die Birne hat – ebenso wie der Apfel – einen hohen Stellenwert in der Gartenökologie.

Die Sämlingsunterlage

Sie geht aus sortenreinem Saatgut in eigens dafür eingerichteten Samenspenderanlagen hervor. Oft wird die Sorte 'Kirschensaller Mostbirne' verwendet. Sämlinge zeichnen sich durch eine starke Wuchskraft aus, für kleinere Gärten sind sie daher ungeeignet. Die Lebenserwartung ist aber deutlich höher und kann mehr als 100 Jahre betragen. Der Ertrag setzt aber frühestens nach sieben, meist aber erst nach zehn Jahren ein.

Weitere Eigenschaften: verträglich mit fast allen Edelsorten, anspruchslos an den Standort, standfest durch weit streichendes Wurzelwerk, geringe Anfälligkeit für Kalkchlorose, Alternanzneigung, mindere Frosthärte, höhere Anfälligkeit für Schadeinflüsse. Allerdings fallen auf der Sämlingsunterlage nach einigen Standjahren immer zu hohe Ernten an, es sei denn, man hat mehrere Sorten nachträglich aufveredelt.

Quitte A

Sie ist die gebräuchlichste Unterlage für den Garten und auch den Erwerbsanbau. Die Eigenschaften: etwa 30 % schwächeres Wachstum als der Sämling, keine Standfestigkeit (es ist stets ein Pfahl erforderlich), früher Ertragsbeginn mit guter Fruchtqualität, auch gleichmäßigere Früchte, bei trockenen oder kalkreichen Böden tritt Chlorose (Blattvergilbung) auf. Sie eignet sich für Spindel- und Buschbäume. Zur Sicherung ausreichenden Wachstums, stabiler Erträge und guter Fruchtqualität ist eine Zusatzbewässerung bei Trockenheit sehr hilfreich. Trotzdem wachsen einige Sorten zu schwach, um für die Quittenunterlage geeignet zu sein. Dazu gehören: 'Armida', 'Bunte Julibirne', 'Clairgeau', 'Jules Guyot', 'Tongern' und 'Winterdechantsbirne'.

Quitte C

Wegen des sehr schwachen Wuchses nur für sehr stark wachsende Sorten oder für die Topfkultur auf Balkon und Terrasse geeignet.

Eigenschaften: sehr früh und reich fruchtend, keine Standfestigkeit, kurze Lebenszeit, sehr pflegeintensiv, hohe Ansprüche an den Boden, Klima und Wasserversorgung. Die Unterlage ermöglicht hohe Pflanzdichten im Erwerbsanbau und wird für diesen Bereich derzeit auch bevorzugt. Sie eignet sich nur für optimalste Birnenstandorte. Für Hausgärten in Bayern wird sie nicht empfohlen.

OHF 333

Diese Unterlage stammt aus den Orten **O**ld **H**ome und **F**armingdale in Illinois (USA). Die Wuchsstärke liegt zwischen Sämling und Quitte A. Die hohen Erwartungen hinsichtlich einer Resistenz gegen das Birnensterben, hohe Ertrags- und Qualitätseigenschaften und schwaches Wachstum, bei guter Standfestigkeit haben sich im praktischen Anbau nicht immer bestätigt. Interessant ist die Resistenz gegen Feuerbrand. Insgesamt kann die Unterlage für den Garten aber nicht empfohlen werden. Außerdem gibt es Probleme bei der Verträglichkeit mit bestimmten Sorten.

Birnenunterlagen aus Geisenheim

'Pyrodwarf' (Rhenus 1) ist schwach wachsend, ohne Wurzelschosse und Kalkchlorose. 'Pyro-BU 2-33' (Rhenus 3) wächst mittelstark. Beide zeichnen sich durch ihre Widerstandskraft gegen den Feuerbrand aus. 'Pyrodwarf' ging aus einer Kreuzung 'Old Home' x 'Gute Luise' hervor und hat sich seit einigen Jahren im Versuchsanbau bewährt. Sie istarteigen und damit gut verträglich, ist standfest, frosthart, chlorosefrei und hat einen guten Einfluss auf die Fruchtqualität. Diese Unterlage besitzt Sortenschutz.

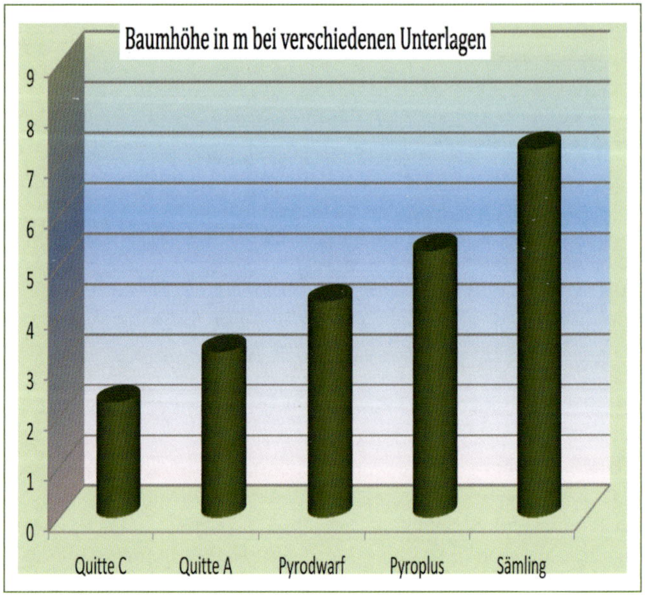

Pi-BU-2, Pi-Bu-3

Arteigene Unterlagen, entstanden in Dresden-Pillnitz, Wuchsstärke geringer als Quitte A. Beide sind noch im Versuchsstadium, die Entwicklung bleibt daher abzuwarten.

Das „Freimachen" der Unterlage

Eine zu tiefe Pflanzung ist in der Regel die Ursache, wenn die Veredelungsstelle unterhalb der Bodenoberfläche liegt. Nicht selten senkt sich auch die Erde, besonders bei weichen Böden und hohen Wassergaben. Die Veredelungsstelle beginnt dann eigene Wurzeln zu bilden. Sie ist damit für das weitere Wachstum überflüssig und wird nach einigen Jahren abgestoßen.

Durch ein unerwünschtes Wuchsverhalten wird dieser Vorgang bald deutlich. Anfangs ist eine Korrektur noch möglich, indem man den Wurzelhals durch einen scharfen Wasserstrahl und vorsichtiges Abgraben freilegt und die Wurzeln der Edelsorte sauber abschneidet. Anschließend wird ein Kranz gemauert, sodass zwar die ursprüngliche Erdhöhe wieder hergestellt wird, die Veredelungsstelle aber dauerhaft frei bleibt. Bei 'Nordhäuser Winterforelle' kommt das Freimachen praktisch niemals, bei 'Clapps Liebling', 'Pastorenbirne' und 'Williams Christbirne' dagegen häufig vor.

Birnenunterlagen für den Hausgarten und deren wichtigste Eigenschaften

Unterlage	Empfindlich für Feuerbrand Birnensterben	Kälteverträglich	Wuchs	Kalkverträglich
Sämling	stark mittel	gut	sehr stark	gut
BA 29	stark sehr gering	mittel	mittelstark	gut
Quitte A	stark mittel	mittel	schwach bis mittelstark	schlecht
Pyrodwarf (Rhenus 1)	mäßig mäßig	mittel	schwach bis mittelstark	gut
Pyroplus (Rhenus 3)	mäßig mäßig	gut	mittelstark	gut
Quitte Adams	stark gering	gering	schwach	schlecht
Quitte C	stark gering	gering	sehr schwach	schlecht

Das Problem mit der Nachpflanzung

Wenn auch der Platz im Garten oft beschränkt ist, darf man sich dennoch nicht dazu verleiten lassen, nach einer Rodung die gleiche Art (Birne nach Birne oder Apfel nach Apfel) an die selbe Stelle zu pflanzen. Die Ursache sind bestimmte Bodenrückstände, die für die nachfolgende Kultur der gleichen Art wachstumshemmend wirken. Die lange Wartezeit bis zur möglichen Neupflanzung lässt sich allerdings durch einen großzügigen Bodenaustausch umgehen oder durch die Aussaat Boden gesundender Pflanzen (Tagetes, Senf, Lupine) beträchtlich verkürzen. Andernfalls muss man Wartezeiten von 10 (bis zu 20) Jahren einhalten.

Schnitt der Bäume

Der Überwachungsschnitt richtet sich vor allem auf die Höhenbegrenzung der meist steilen Wuchsform und zielt auf eine bessere Verzweigung der unteren Kronenteile nach außen. Stark hängende Äste können keine Qualitätsfrüchte tragen. Sie werden deshalb auf einen Jungtrieb auf dem Scheitelpunkt eingekürzt, der nach außen weist. Zu viele „Reiter" auf den abgetragenen, hängenden Ästen und „Wasserschosse" aus dem Stamm entziehen den wachsenden Trieben wichtige Aufbaustoffe und bleiben nur erhalten, wenn einzelne davon zur Erneuerung des Fruchtholzes gebraucht werden. Ein später Schnitt, etwa kurz vor oder zur Blütezeit, wirkt bei stark wachsenden Bäumen als erwünschte, wirksame Wuchsbremse.

Sorten, die im Holz nicht frostfest sind, reagieren auf einen frühen Winterschnitt empfindlich. Das Gleiche trifft bei erschöpften Bäumen nach einem starken Behang zu. Der Nachwinter ist dann der bessere Schnitttermin.

Im Gegensatz zu Apfelbäumen fruchten die Birnen nicht am einjährigen, sondern sehr gut am mehrjährigen, auch steilen Holz. Die Erziehung zu Vollertragsbäumen zielt deshalb weniger auf recht lange Fruchtruten, sondern eher auf kurzes Seitenholz mit zahlreichen Blütenknospen, möglichst nahe an den Leitästen. Die Fähigkeit zur besonders guten Fruchtbildung am älteren Quirlholz machen die Birnbäume außerdem für Spalierformen gut geeignet und erfordern auch bei anderen Baumformen bedeutend weniger Schnittarbeit als beim Apfel.

Nehmen die Quirltriebe aber überhand, so deutet sich an, dass der Baum langsam vergreist. Dann wird es Zeit für eine massive Verjüngung.

Säulenobst auch bei der Birne?

Kompakt wachsende und kleine, schmale Baumkronen ausbildende Säulenapfelsorten erfreuen sich heute starker Nachfrage. Die Beliebtheit steigt durch die einfachere Kulturführung, bessere Sorten und die Tatsache, dass die Hausgärten zunehmend kleiner werden oder gar die Verwendung in Kübeln auf Balkon und Terrasse. Während bei Apfel dieses Problem gelöst und es echte Säulentypen gibt, entsprechen bei Birnen nicht viele diesem Wuchstyp. Als Säulenbirne sind meist die Sorten 'Decora' und 'Obelisk' zu finden. Es sind schlank und kompakt wachsende Bäume, besonders aufrecht und/oder bilden kürzere Seitentriebe, kombiniert mit einem speziellen Anzuchtverfahren (kein Einkürzen des Mitteltriebes, Pinzieren von Seitenverzweigungen). Lediglich 'Decora' kann aber als echter Columnartyp bezeichnet werden.

Wo kauft man seine Obstbäume?

Zunächst wird man erst einmal in einer örtlichen Baumschule nachfragen. Das Problem der kleineren Baumschulen ist jedoch das meist eng begrenzte Sortiment, das oft nur einen Teil der Standardsorten umfassen kann. Neuheiten oder nicht alltägliche Unterlagen, die an außergewöhnliche Standorte angepasst sind, wird man hier seltener finden. Große Obstbaumschulen sind mehrheitlich auf einen überregionalen Kundenkreis eingerichtet und versenden ihre Erzeugnisse in geeigneter Verpackung an jeden gewünschten Ort.

Die optimal genutzten Anbauflächen der heutigen Betriebe ermöglichen trotz größerer Vielfalt an Neuheiten, aber auch an alten Sorten, höhere Stückzahlen mit gleichmäßiger Qualität. Dazu kommen noch die verschiedenen Veredelungsunterlagen, die sich für die unterschiedlichsten Standorte, bis hin zu Extremlagen, eignen. Wenn also bestimmte Obstgewächse von der örtlichen Baumschule nicht in der gewünschten Ausführung lieferbar sind, wird man bei einer der folgenden Adressen sicherlich erfolgreicher sein (Die nachstehenden Adressen sind unvollständig, denn nicht alle der leistungsfähigen Baumschulen in Deutschland können hier erwähnt werden):

Cordes in 22880 Wedel; Langen in 41334 Nettetal; Weil in 55218 Ingelheim; Gräb in 56220 Kettig; Heinrich in 65474 Bischofsheim/Hessen (nur größere Stückzahlen); Büttner in 68526 Ladenburg; Baumschul-Center Kremer in 63920 Großheubach, www.baumschulekremer.de; Pfänder in 72622 Nürtingen; Ganter in 79369 Wyhl; Sauer Pflanzenkulturen in 82418 Murnau, www.gartensauer.de; Majuntke Baum-Garten-Floristik in 84048 Mainburg, www.majuntke.de; Baumgartner in 84378 Nöham, www.baumgartner-baumschulen,de; Brenninger in 84439 Steinkirchen, www.brenninger.de; GartenBaumschule Staudinger in 84339 Unterdietfurt, www.staudinger-pflanzen.de; Wörlein in 86911 Dießen/Ammersee; Kutter Gartencenter in 87700 Memmingen, www.kutterpflanzen.de; Baumschule Bunk in 89415 Lauingen, www.baumschule-bunk.de; Baumschule Kaul in 91090 Effeltrich, wwwbaumschule-.kaul.de; Schmidtlein Baumschul-Center in 91090 Effeltrich; Baumschule Johannes Schmitt in 91099 Poxdorf, www.obstbaum-schmitt.de; Baumschule Wolfgang Wagner in 91099 Poxdorf, www.baumschule-wagner.de; Garten-Bischoff in 91177 Thlamässing, www.bischoff-garten.de; Garten Punzmann in 92665 Kirchendemenreuth, www.garten-punzmann.de; Baumschule Pohl in 93479 Willmering, www.gartenbau-pohl.de; Baumschule Plattner in 94501 Aldersbach, www.baumschule-plattner.de; Oberdorla GmbH in 99986 Oberdorla.

Sortenschutz

Die meisten Neuheiten unterliegen dem Sortenschutz, viele außerdem einem Markenschutz, der vergleichbar mit dem Patentrecht für technische Produkte ist. Für Käufer von derartigen Jungbäumen besteht automatisch ein Verbot zur weiteren eigenen Vermehrung. Die Baumschulen benötigen für die Vermehrung eine gebührenpflichtige Lizenz des Sortenschutzinhabers. Deshalb verteuern sich Neuheiten (besonders die „Clubsorten") im Vergleich zu den nicht geschützten Standardsorten mitunter erheblich.

Auskünfte und auch Liefernachweise erhält man außerdem bei der „artevos" (Obstneuheiten der ARTUS-GEVO-Group), Alte Karlsruher Straße 8 in 76227 Karlsruhe, 0721-94 48 07, www.artevos.de.

Standorte der Sichtungsbäume

Die bei den Sortenbeschreibungen (ab Seite 22) genannten Standorte der Bäume geben den aktuellen Stand zum Zeitpunkt der Drucklegung nieder. Es ist natürlich nicht gewährleistet, dass alle genannten Sorten dort auch über einen längeren Zeitrum zu sehen sind. Hier kann es immer wieder zu Veränderungen kommen.

Neben den dort genannten staatlichen Institutionen halten auch andere Einrichtungen und insbesondere Gartenbauvereine, die eine Vielzahl an Lehrgärten angelegt haben, ein großes Spektrum an Obstsorten bereit. Eine Übersicht über Vereinslehrgärten sowie den von den Landratsämtern bzw. auch den örtlichen Kreisverbänden betreuten Kreislehrgärten finden sie auf der Homepage des Bayerischen Landesverbandes für Gartenbau und Landespflege unter www.gartenbauvereine.org in der Rubrik: Vereine/Verbände.

Die wichtigsten Krankheiten und Schädlinge

Birnenschorf

Die bedeutendste Pilzkrankheit der Birne ähnelt dem Apfelschorf dadurch, dass die Erstinfektion bereits beim frühen Austrieb erfolgt. Erreger sind die Wintersporen auf dem abgefallenen Laub des Vorjahres und an den Trieben. Das Schadbild äußert sich durch fleckige Blätter und Früchte, die stellenweise aufreißen und durch den Zweiggrind an den Trieben. Erste Gegenmaßnahme ist die Beseitigung (auch Kompostierung) des befallenen Laubes im Herbst. Die Bekämpfungstermine in der Wachstumszeit richten sich nach dem Wetter, denn Regen mit Wärme sind beste Infektionsbedingungen.

Birnenschorf an der Frucht.

Birnengitterrost

Es handelt sich um eine wirtswechselnde Pilzkrankheit. Zu den Wirten zählen verschiedene Wacholderarten, unter denen der weit verbreitete *Juniperus pfitzeriana* wohl am meisten befallen wird. Der Pilz überwintert in den Zweigen, aus denen dann im März/April die braunen, blasenartigen Sporenlager ausbrechen. Solche Zweige schneidet man sofort heraus, um eine Sporeninfektion am jungen Birnenaustrieb zu vermeiden. Das Schadbild am Birnbaum äußert sich blattoberseits durch auffällige, orangegelbe Flecken. Bei schwachem Befall sollte man solche Blätter entfernen, bevor sich im Juli und August auf der Blattunterseite die knollenartigen Sporenträger bilden. Je geringer die Entfernung zum Wacholder ist, desto größer ist die Infektionsgefahr. Gegen diese Krankheit

Obwohl nicht die schlimmste Krankheit, löst der Birnengitterrost doch stets die meiste Unruhe aus.

sind keine resistenten Sorten vorhanden und züchterisch auch nicht in Sicht. Es bleibt nur die vorbeugende Bekämpfung.

Der Birnenverfall (Pear Decline)

Die Infektion wird durch eine Mycoplasmose hervorgerufen. Seit einiger Zeit ist diese Krankheit zu einem Problem (im Erwerbsanbau) geworden, wobei bisher die Sorten 'Conférence', 'Gellerts

Birnensterben (Pear Decline), ein Ast ist bereits abgebrochen.

Butterbirne', 'Gräfin von Paris', 'Williams Christbirne' betroffen waren. Meist wird der Birnenverfall im Spätsommer durch Rotfärbung der Blätter erkennbar, anschließend setzt vorzeitiger Blattfall ein. Im Folgejahr ist das Triebwachstum gehemmt und es bilden sich nur noch kurze Blattrosetten. Die Übertragung erfolgt durch Pfropfung, v. a. aber durch den Birnenblattfloh. Gegen ihn richtet sich die Bekämpfung. Sonstige Maßnahmen bleiben wirkungslos.

Blattläuse

Blattläuse saugen nicht nur an den Blättern und Trieben, sondern auch an den Jungfrüchten. Dadurch entstehen die bekannten Krüppelfrüchte. Die Bekämpfung ist mit naturgemäßen Mitteln möglich, doch meist genügt es, sie in den kühlen Morgenstunden mit einem scharfen Wasserstrahl abzuspritzen.

Birnenblattsauger

Sie werden oft mit den Blattläusen verwechselt, doch sind sie weit schädlicher und auch schwieriger zu bekämpfen. Ein Befall wird meist erst am schwarzen, klebrigen Überzug der Blätter erkannt, der von den zuckerhaltigen Ausscheidungen (Honigtau) stammt. Der Belag wird von Schwärzepilzen besiedelt, sodass die Lichtaufnahme der Blätter stark behindert ist. Die verkrümmten Befallstriebe können leicht mit dem Feuerbrand verwechselt werden. Die frühzeitige Austriebsspritzung mit Rapsölprodukten oder Paraffinmitteln erfasst sowohl die Eier, als auch verschiedene Milbenarten.

Birnblattsauger im Zuckersaft.

Birnengallmücke

Ein verbreiteter Schädling, der Spaliere und niedrigere Baumformen bevorzugt. Die Mücke dringt in die noch knospigen Blüten ein, um ihre Eier an Stempel und Staubgefäßen abzulegen. Die schlüpfenden Larven fressen sich in den Fruchtknoten und zerstören den Bereich des Kerngehäuses. Befallene Früchte sind an der kugeligen Form und der braunen bis schwarzen Verfärbung erkennbar. Sie sind schnellstmöglich zu vernichten. Eine Flugkontrolle ist Anfang April mit weißen Leimtafeln möglich, an denen dann auch Sägewespen, Knospenstecher und Himbeerkäfer zu finden sind.

Die Feuerbrandanfälligkeit von Birnensorten

Der Feuerbrand ist seit über 200 Jahren in den USA bekannt. In der Vergangenheit spielte er dort kaum eine wirtschaftlich bedeutende Rolle, wohl aber seit den 70er Jahren in den Obstanbaugebieten Europas. Mittlerweile ist diese Bakterienkrankheit zum gefährlichsten Schadfaktor im Kernobstbau geworden. Betroffen sind Apfel, Birne, Quitte und auch einige Ziergehölze aus der Familie der Rosengewächse.

Bei einem Befall fördern Bienen und andere Insekten die schnelle Weiterverbreitung mit dem Blütenstaub, während Triebinfektionen durch Pflanzensauger (u. a. Blattläuse) ausgelöst werden. Über Verletzungen, infizierte Schnittwerkzeuge und natürliche Spaltöffnungen können die Bakterien in das Holz eindringen und wandern dann im Bastteil abwärts bis in die Wurzeln.

Temperaturen deutlich über 18 °C, verbunden mit hoher Luftfeuchtigkeit, sind Voraussetzungen für ein stärkeres Auftreten des Feuerbrandes, das noch durch hohe Stickstoffgaben und zu starkem Sommerschnitt begünstigt wird. Dennoch ist eine Reihe von Sorten recht widerstandsfähig gegen den Bakterienbefall, entweder durch natürliche Resistenz oder bei neueren Sorten auch durch gezielte Züchtungsarbeit.

Wenngleich schon seit etlichen Jahren nach einer naturgemäßen Bekämpfungsmöglichkeit des Feuerbrandes mit Pflanzenextrakten (Berberitze, Essigbaum, Knoblauch, Mahonia) gesucht wird, so scheint man einer praxisreifen Lösung noch nicht wesentlich näher gekommen zu sein.

Langjährige Beobachtungen, u. a. bei Streuobstbäumen, zeigen, dass bei mäßigem Wachstum gewisse Abwehrreaktionen eintreten können. Befallsstellen werden durch bestimmte Abwehrstoffe (Phenole) bei den meisten Sorten so abgekapselt, dass eine weitere Ausbreitung der Bakterien in den Pflanzenteilen weitgehend unterbunden wird. Das Gegenteil kann bei stark wachsenden Bäumen eintreten, die stark gedüngt und geschnitten sind. Hier werden die Abwehrstoffe im Wachstumsbereich zum Aufbau neuer Zellen gebraucht und stehen somit bei einem Befall nur sehr begrenzt zur Verfügung.

Zur Befallsvorbeuge sollten deshalb die folgenden Punkte beachtet werden:

- Berücksichtigung der resistenten oder robusten Sorten bei der Anbauplanung
- Vermeidung von Staunässe als eine der Ursachen für den Befall durch Schwächeparasiten
- Keine Zusatzbewässerung durch Regner, da die Infektion durch Feuerbrand und Schorf bei hoher Luftfeuchte und Wärme gefördert wird
- Ruhigstellen des Baumes, d. h. kein zu starker Schnitt mit in der Folge starkem Neuaustrieb. Dieser und die vielen Wasserschosser sind besonders gefährdet.
- Aufmerksame Feuerbrandkontrolle und sofortige Beseitigung der Befallsstellen.

Schadbild des Feuerbrandes an Birne, befallen sind auch die Früchte.

Ein Befall mit Feuerbrand ist meldepflichtig und daher beim amtlichen Pflanzenschutzdienst anzuzeigen.

Die nachstehende Aufstellung mehr oder weniger widerstandsfähiger Sorten darf nicht als endgültig betrachtet werden. Sie soll in erster Linie eine grobe Orientierung und auch eine Diskussionsgrundlage sein. Aus verschiedenen Literaturangaben geht hervor, dass nicht in allen Fällen eine volle Übereinstimmung besteht. Lokale Unterschiede, Pflege (Schnitt, Düngung, Bewässerung) und jährliche Schwankungen der klimatischen und kleinklimatischen Einflüsse spielen sicherlich eine entscheidende Rolle für die Anfälligkeit bzw. Widerstandsfähigkeit.

Feuerbrandanfälligkeit von Birnensorten

Befallsfrei oder wenig anfällig	Mittlere Anfälligkeit	Hohe Anfälligkeit
Benita	Abbé Fétel	Alexander Lucas
Clairgeau	Amanlis Butterbirne	(Birne von) Tongern
Condo	Anjou	Bosc's Flaschenbirne
Gelbmöstler	Blumenbach	Bristol Cross
Gorham	David	Bunte Julibirne
Grand Champion	Dessertnaja	Clapps Liebling
Harrow Delight	Diels Butterbirne	Concorde
Harrow Sweet	Esperens Bergamotte	Conférence
Harvest Queen	Frühe von Trévoux	Doppelte Philippsbirne
Illinois	Gellerts Butterbirne	Edelcrassane
Kieffers Sämling	Grüne Jagdbirne	General Leclerc
Le Lectier	Gute Graue	Gräfin von Paris
Madame Verté	Gute Luise	Guyot
Manon	Hortensia	Hardenponts Winter-Butterbirne
Moonglow	Isolda	Herzogin Elsa
Rote Dechantsbirne	Josefine von Mecheln	Herzogin von Angoulême
Santa Maria	Kieffer	Köstliche von Charneu
Sommermagdalene	Lübecker Prinzessbirne	Liegels Winter-Butterbirne
Uta	Neue Poiteau	Mollebusch
	Olivier de Serres	Nojabrskaja
	Pierre Corneille	Nordhäuser Winterforelle
	Präsident Heron	Oberöstereichische Weinbirne
	Superior	Packhams Triumph
	Verdi	Pastorenbirne
		Präsident Drouard
		Rote Williams
		Schweizer Wasserbirne
		Sommer-Butterbirne
		Tongern
		Triumph von Vienne
		Vereinsdechantsbirne
		Williams Christbirne
		Winter-Dechantsbirne

Abbé Fétel

Herbstsorte

Synonym 'Abate Fétel' (italienische Bezeichnung)

Entstehung Um 1869 vom Abt Fétel in Chessy-les-Mines (Frankreich) gefunden.

Frucht Groß, lang flaschenförmig, oft gekrümmt. Schale dünn, mit netzartiger Berostung. Fruchtfleisch saftig, fest, süß, mild aromatisch. Nur auf besten Standorten schmelzend.

Reife Ende September, haltbar bis Ende Oktober, im Kühlraum bei 1–2 °C bis Dezember/Januar. Fruchtfleischbräune kann auftreten.

Baum Schlank und hoch wachsend, mit gut verzweigten Trieben. Mittelstarker Wuchs, bei Vollertrag schwach. Der Schnitt zielt auf breitere Kronen und Erhalt des Triebwachstums.

Standort Typische Sorte des Weinbauklimas. Für Spalier an der Südwand auch noch in höheren Lagen geeignet. Auf anderen Standorten ist die Fruchtqualität unbefriedigend.

Anfälligkeit Mittelstark für Feuerbrand und Schorf. Birnengitterrost kann vorkommen. Auf kalkreichen Böden Chlorose.

Blüte Mittelfrüh, guter Pollenspender. Witterungsempfindlich. Eine Ausdünnung nach der Blüte fördert die Fruchtqualität und beugt einer Erschöpfung vor.

Ertrag Hoch und regelmäßig.

Anbauwert Der Bedarf wird fast ausschließlich aus Importen (Italien, Südtirol oder Chile) gedeckt. Eine Sorte für den Erwerbsanbau.
Bei uns zugunsten robuster Sorten verzichtbar.

Standort der Sichtungsbäume: *LWG Veitshöchheim, Hochschule Geisenheim, Landwirtschaftliche Lehranstalten Triesdorf, Bundessortenamt - Prüfstelle Wurzen.*

Alexander Lucas

Spätsorte

Originalname 'Beurré Alexandre Lucas'

Entstehung Um 1870 von A. Lucas im Wald bei Blois an der Loire (Frankreich) gefunden. Seit 1874 durch die Baumschule Transon, Orléans, in den Handel gebracht.

Frucht Unterschiedlich in Form und Größe.
Schale glatt, dünn, bei Reife grüngelb mit deutlichen Schalenpunkten. Schon vor der Reife druckempfindlich.
Fruchtfleisch fest, saftig, schwach säuerlich, halb schmelzend. Geschmack und Aroma hängen von gutem Standort und der Jahreswitterung ab.

Reife Ende September. Starker Fruchtfall bei Baumreife, deshalb ist hartreif zu ernten. Haltbar bis November.

Baum Hoch gebaute, mitunter aufrecht strebende Krone mit gut verzweigten, später überhängenden und oft schleudernden Ästen. Überwachungsschnitt zur Trieberneuerung ist ratsam, dabei langes Fruchtholz schonen. Unterlage Quitte mit Zwischenveredelung.

Standort Beste Fruchtqualität ist nur in wärmeren, geschützten Lagen, am besten im Weinbauklima und auf leichteren, nährstoffreichen Böden zu erzielen. Auf sehr schweren Böden reagiert die Sorte mit Kümmerwuchs und schlechter Fruchtqualität.

Anfälligkeit Je nach Witterung mittelstark bis stark anfällig für Feuerbrand und Bakterienbrand. Mäßig anfällig für Schorf. Empfindlich gegen Schwefelmittel. Auf kalkhaltigen Böden Chlorose.

Blüte Mittelfrüh, witterungsempfindlich. Schlechter Pollenspender (triploid).

Ertrag Auf Sämlingsunterlage schon ab dem 6. Standjahr, auf Quitte 2 Jahre früher. Wechsel zwischen hohen und niedrigeren Erträgen.

Anbauwert Im Erwerbsanbau eine der Hauptsorten. Im Garten nur in warmen Lagen oder am Spalier anbauwürdig. Die Sorte erfordert eine aufmerksame Pflege bei Schnitt, Bewässerung, Düngung.

Standort der Sichtungsbäume: *LWG Veitshöchheim, Hochschule Geisenheim, Deutsche Genbank Obst Dresden-Pillnitz, Bundessortenamt - Prüfstelle Wurzen, Reiserschnittgarten Baden-Württemberg.*

Alexandrine Drouillat

Herbstsorte

Entstehung Mitte des 19. Jh. Züchter ist der Architekt DROUILLAT in Nantes. Die Sorte wurde 1874 vom Deutschen Pomologenverein zum Anbau von Formobst empfohlen.

Frucht Mittelgroß bis groß, birnförmig-bauchig. Stiel- und Kelchgrube leicht eingesenkt mit kleinen, geschlossenen Kelchblättchen. Kurzer Stiel. Schale bei Reife hellgrün bis gelb, glatt mit zahlreichen Rostpunkten und Flecken. Fruchtfleisch ist gelblichweiß, auf guten Standorten schmelzend, saftig, süß und edel aromatisch.

Reife Je nach Standort ab September. Schneller Fruchtfall erst bei Baumreife, deshalb ist kurz vorher zu ernten. Haltbar bis Ende Oktober.

Baum Nicht für Quittenunterlage geeignet. Auf Sämling mittelstarker Wuchs mit dünnen Zweigen. Geeignet für Spindel und Formobst.

Standort In tiefgründigen, nährstoffreichen Böden auch für kältere Lagen. Magere, schwere Böden können zu frühzeitiger Vergreisung führen.

Anfälligkeit Der Feuerbrandstatus ist unbekannt. Wenig anfällig für Schorf, außer in windstillen Warmlagen.

Blüte Mittelfrüh, unempfindlich, guter Pollenspender.

Ertrag Früh einsetzend, hoch und (fast) regelmäßig. Bei starkem Fruchtansatz ist bald nach der Blüte auszudünnen.

Anbauwert Die Fruchtqualität hängt entscheidend vom günstigen Standort ab. Als Tafelobst noch tauglich, besser als Wirtschaftsfrucht.

Standort der Sichtungsbäume: *Landwirtschaftliche Lehranstalten Triesdorf, Pomona Franconica Merkendorf.*

Amanlis Butterbirne

Herbstsorte

Original-name 'Beurré d'Amanlis'

Entstehung Stammt wahrscheinlich aus dem Dorf Amanlis bei Rennes (Bretagne), wurde von dort um 1805 weiter verbreitet. 1874 vom Deutschen Pomologenverein zum Anbau empfohlen.

Frucht Mittelgroß bis groß, unterschiedliche Form. Schale glatt, dick.
Fruchtfleisch feinzellig, saftig, in warmen Jahren schmelzend. Wenig Aroma.

Reife Anfang September, windfest bis zur Baumreife. Ernte 8 Tage vor der Vollreife bewirkt eine Geschmacksverbesserung. Haltbar bis in den Oktober. Auf dem Obstlager entsteht bisweilen innere Fäule.

Baum Große, breit pyramidale Krone mit überhängenden, oft schleudernden Ästen. Gesunde, glänzend dunkelgrüne Blätter. Es ist eine der am stärksten wachsenden Birnen, deshalb ist auf Quitte C zu veredeln. Die Sorte verlangt einen aufmerksamen Schnitt.

Standort Beste Fruchtqualität auf leichten, warmen, auch trockenen Böden. In höheren, windgeschützten Lagen noch anbaufähig, jedoch nicht auf schweren Böden.

Anfälligkeit Für Schorf und Krebs auf schweren Böden. Beachtlich frosthart im Holz.

Blüte Früh, kurz anhaltend, aber nicht empfindlich. Schlechter Pollenspender (triploid).

Ertrag Mittelfrüh einsetzend. Regelmäßiger Massenträger auf Sämling und Quitte.

Anbauwert In warmen Lagen zugunsten von Sorten mit längerer Haltbarkeit verzichtbar.

Standort der Sichtungsbäume: *Hochschule Geisenheim, Landwirtschaftliche Lehranstalten Triesdorf, Bundessortenamt - Prüfstelle Wurzen, Reiserschnittgarten Baden-Württemberg.*

Anjou

Spätsorte

Original-name 'Nec Plus Meuris'

Weitere Namen 'Beurré d'Anjou', 'Winter-Meuris', 'Meuris d'Hiver'

Entstehung 1819 aus Samen gezogen. Züchter VAN MONS (Belgien), der sie nach seinem Gärtner Meuris benannte.

Frucht Mittelgroß bis groß. Schale glatt, trocken. Fruchtfleisch in guten Lagen schmelzend, saftig, weinsäuerlich, würzig. Bei kalter Witterung, auf schweren Böden fade und körnig.

Reife Ab Mitte Oktober. Etwa 2 Monate haltbar.

Baum Aufstrebende, auch steile Krone. Zunächst kräftiger, im Vollertrag mittelstarker Wuchs. Unverträglich mit Quitte. Frostempfindlich im Holz.

Standort Ausschließlich für warme Lagen oder geschütztes Wandspalier auf leichteren, nahrhaften Böden auch in höheren Lagen.

Anfälligkeit Mäßig für Feuerbrand, in geschlossenen Tallagen Schorf. Chlorose auf schweren, kalten Böden.

Blüte Mittelfrüh, guter Pollenspender.

Ertrag Später Ertragsbeginn. Unregelmäßige, unterschiedlich hohe Ernten, ohne ausgeprägte Alternanz.

Anbauwert Liebhabersorte für warme Lagen oder für das Spalier. In den USA weit verbreitet.

Standort der Sichtungsbäume: *Hochschule Geisenheim, Deutsche Genbank Obst Dresden-Pillnitz, Landwirtschaftliche Lehranstalten Triesdorf, Bundessortenamt - Prüfstelle Wurzen.*

Armida

Herbstsorte

Entstehung Aus 'Jules Guyot' x 'Vereinsdechantsbirne' im Institut für Obstforschung Dresden-Pillnitz, Versuchsstation Naumburg. Seit 1995 im Handel.

Frucht Mittelgroß bis groß, schöne, mittelbauchige Birnenform. Schale dünn.
Fruchtfleisch fest, saftig, süß, mit ausgewogener Säure. Auf guten Standorten schmelzend, auf ungeeigneten Standorten bilden sich Steinzellen in der Frucht.

Reife Je nach Standort Ende September bis Anfang Oktober. Haltbar bis Ende Oktober. Neigung zu Schalenbräune bei tiefer Lagertemperatur.

Baum Schmale Form mit überhängenden Zweigen. Wuchs auch auf Sämling schwach, auf Quitte sehr schwach. Nicht für Quitte C geeignet. Regelmäßiger Schnitt ist erforderlich, um eine vorzeitige Vergreisung abzuwenden. Im Holz frostfest.

Standort Warme, geschützte Lagen werden bevorzugt. Schwere Böden sind weniger geeignet.

Anfälligkeit Die Sorte ist noch in Beobachtung.

Blüte Mittelfrüh, bei ungünstiger Blühwitterung wenig empfindlich. Nach der Blüte ist eine energische Ausdünnung unbedingt anzuraten.

Ertrag Hoch bis sehr hoch, nach Überbehang ist aber Alternanz (Wechsel zwischen hohen und geringen Erträgen) möglich.

Anbauwert Eine interessante Neuheit für den Garten, Streuobst und den Erwerbsanbau.

Standort der Sichtungsbäume: *Hochschule Geisenheim, Deutsche Genbank Obst Dresden-Pillnitz, Bundessortenamt - Prüfstelle Wurzen, LVA Quedlinburg, LLFA Neustadt/Weinstraße, Obstversuchsanstalt Jork.*

Benita

Frühsorte

Namen Sortenbezeichnung 'Rafzas'. Vermarktung unter dem geschützten Namen 'Benita'.

Entstehung 1985, aus 'Général Leclerc' (Sämling von 'Vereinsdechant') x Asienbirne 'Hosui'. Züchter Peter HAUENSTEIN in Rafz, Schweiz.

Frucht Je nach Standort und der Witterung kann die Beschaffenheit der Fruchtform und der Schale auch variieren. Schale ist dick, mit feiner, ungleichmäßiger Berostung.
Fruchtfleisch sehr fest, ungewöhnlich saftig, angenehmes Aroma.

Reife Mitte August, vor 'Williams Christbirne'. Vom Baum essbar. Lagerung bei Zimmertemperatur 2 bis 3 Wochen, im Naturlager bis 6 Wochen. Bei Überlagerung entsteht Gärgeschmack.

Baum Am Anfang starker Wuchs, später mittelstark, schmal aufrecht. Gut garniert mit waagerecht abgehenden Seitentrieben. Große, lederartige Blätter, ähnlich Asienbirne.
Mögliche Unterlagen: *Pyrus calleryana*, Birnensämling, Quitte A.

Standort Warmer, zumindest geschützter Standort auf leichteren Böden. Andernfalls leidet die Fruchtqualität.

Blüte Mittelfrüh, in Büscheln. Wegen des starken Fruchtansatzes ist eine Ausdünnung nach der Blüte unbedingt ratsam. Befruchter sind Birnen- und Nashisorten.

Anfällig Feuerbrand ist auf gefährdeten Standorten möglich, Birnengitterrost tritt zwar auf, er schadet aber wenig. Kein Schorf.

Ertrag Stets hoch bis sehr hoch. Der Anteil großer Früchte ist von einer sorgfältigen Ausdünnung abhängig.

Anbauwert Für den Garten und den Erwerbsanbau ist 'Benita' eine interessante Neuheit.

Standort der Sichtungsbäume: *LWG Veitshöchheim, Hochschule Weihenstephan-Triesdorf, Deutsche Genbank Obst Dresden-Pillnitz, Bundessortenamt - Prüfstelle Wurzen.*

Blumenbachs Butterbirne

Herbstsorte

Originalname 'Soldat Laboureur'

Entstehung 1820 aus Samen. Züchter Major D'Esperen in Mecheln (Belgien). Der deutsche Pomologe Oberdieck erhielt diese Sorte namenlos von van Mons in Belgien und benannte sie 1852 zu Ehren seines Lehrers in Göttingen. 1874 vom Deutschen Pomologenverein zum Anbau empfohlen.

Frucht Mittelgroß bis groß, meist glockenförmig. Schale dick, etwas rau, mit Berostungen um Kelch und Stiel.
Fruchtfleisch feinzellig, saftig, melonenartiger Geschmack. In warmen Lagen schmelzend.

Reife Ende September, windfest bis zur Baumreife, dann starker Fruchtfall. Zur besseren Aromabildung soll die Ernte so spät wie möglich erfolgen. Bei kühler und luftiger Lagerung 2 Monate haltbar.

Baum Große, ungleichmäßige Krone, schwacher Stamm. Aufrechte Gerüstäste, später hängend. Auffällig lang gestielte Blätter. Der Schnitt zielt auf eine besser verzweigte, harmonische Krone. Mittelstarker Wuchs, im Vollertrag schwach. Frostempfindlich im Holz.

Standort Wärmere Standorte mit ausreichender Bodenfeuchte ermöglichen eine bessere Fruchtqualität. Auch geschützte, höhere Standorte sind noch geeignet. Auf schweren Böden bleiben die Früchte klein und geschmacklos.

Anfälligkeit Mäßig für Feuerbrand. Örtlich für Schorf und Steinzellenbildung.

Blüte Früh, lange andauernd, witterungsempfindlich. Guter Pollenspender. Eine Ausdünnung bald nach der Blüte wirkt qualitätssteigernd.

Ertrag Sowohl auf Quitte als auch auf Sämling mittelfrüh einsetzend, hoch und regelmäßig.

Anbauwert Weniger in Süddeutschland, in anderen Gebieten früher weit verbreitet. Das typische Aroma findet auch heute noch Liebhaber.

Standort der Sichtungsbäume: *Landwirtschaftliche Lehranstalten Triesdorf, Pomona Franconica Merkendorf.*

Bosc's Flaschenbirne

Herbstsorte

Verwechslung Häufig verwechselt mit der früher reifenden 'Prinzessin Marianne'.
Der Originalname 'Beurré d'Aprémont' deutet auf die Herkunft aus Frankreich.

Weitere Namen 'Kaiser Alexander', 'Kaiserkrone', 'Beurré Bosc', 'Calebasse Bosc' (früher in Sachsen).

Entstehung Unterschiedliche Angaben. Entweder 1807 aus Samen entstanden, Züchter VAN MONS (Belgien) und benannt nach dem Direktor Bosc des Botanischen Gartens in Versailles oder 1793 als Sämling in Frankreich gefunden. Edelreiser gelangten zu Direktor Bosc. Die Sorte kam 1810 nach Deutschland und wurde als 'Kaiser Alexander' verbreitet.

Bemerkung Die Sorte zählt neben 'Charneux' u. 'Williams Christbirne', zu den drei Reichsobstsorten der Birnen, die 1922 durch die Deutsche Obstbaugesellschaft als wirtschaftlich wichtig eingestuft und empfohlen wurden.

Frucht Meist groß, lang, kelchbauchig. Schale dünn, mitunter etwas rau mit zimtbraunem Rost.
Fruchtfleisch feinzellig, sehr saftig und süß, mit feinem Aroma. In guten Lagen schmelzend. Nicht für Konserven geeignet, da das Fruchtfleisch dabei braun wird.

Reife Ab Mitte September. Nicht windfest, deshalb vor der Vollreife ernten, ca. 2 Monate haltbar.

Baum Pyramidale Krone mit steil aufrechten, bei Behang hängenden Ästen mit langem, dünnem Fruchtholz. Mittelstarker Wuchs, wobei die unteren Astteile verkahlen.
Ein regelmäßiger Überwachungsschnitt zielt auf bessere Verzweigung der schleudernden äußeren Äste. Keine Vergreisung. Mit Quitte unverträglich. Im Holz frostempfindlich.

Standort Beste Fruchtqualität nur in warmen Lagen. Der Anbau ist bis in geschützte, mittlere Höhenlagen möglich, auch auf dürftigen Böden.

Anfälligkeit Stark für Feuerbrand. Besonders auf schweren Böden Schorf und Steinzellen. Etwas anfällig für Virosen. Schwefelempfindlich.

Blüte Spät und lange anhaltend, nicht empfindlich. Guter Pollenspender.

Ertrag Spät einsetzend, dann mittelhoch, etwas alternierend, etwa 50 % von 'Williams Christbirne'.

Anbauwert Geschmacklich wertvolle Sorte, im Garten aber etwas problematisch. Für Spaliere und Topfbäume geeignet. Im Erwerbsanbau und als Import unter dem Namen 'Kaiserkrone' eine der Hauptsorten.

Standort der Sichtungsbäume: *Deutsche Genbank Obst Dresden-Pillnitz, Landwirtschaftliche Lehranstalten Triesdorf, Bundessortenamt - Prüfstelle Wurzen, Reiserschnittgarten Baden-Württemberg, Rhöner Apfelinitiative.*

Bristol Cross

Herbstsorte

Entstehung 1920 aus 'Williams Christbirne' x 'Conférence' entstanden. 1926 in der Universität Bristol ausgelesen.

Frucht Unterschiedliche Form, meist lang birnenförmig. Schale trocken, glatt, hart. Fruchtfleisch saftig, süßaromatisch, nur auf guten Standorten schmelzend. Hervorragend im Geschmack. Sehr gute Tafelsorte, auch Schaufrucht.

Reife Anfang bis Mitte September mit folgernder Reife. Deshalb ist öfter durchzupflücken. Etwa 4 Wochen haltbar.

Baum Breit pyramidale, gut verzweigte Krone. An den Trieben auffällig hervortretende Winterknospen. Blüht und fruchtet endständig an ein- und mehrjährigen Trieben. Mit Quitte unverträglich.
Anfangs mittelstarker, bei Vollertrag dann schwacher Wuchs. Jährlicher Schnitt verhütet vorzeitiges Vergreisen. Im Holz frosthart.

Standort Für eine gute Fruchtqualität sind warme Lagen (Weinbauklima) und nährstoffreiche Böden erforderlich.

Anfälligkeit Sehr stark für Feuerbrand, auf schweren Böden auch für Schorf. Kalkreiche Böden verursachen Chlorose. Empfindlich gegen Kupfer- und Schwefelmittel.

Blüte Früh, lange anhaltend, witterungsempfindlich. Guter Pollenspender. Für gute Fruchtgrößen ist das Ausdünnen nach dem Junifruchtfall unbedingt anzuraten.

Ertrag Früh einsetzend, hoch und regelmäßig. Ohne Ausdünnung bleiben die Früchte klein.

Anbauwert Auf guten Standorten eine Spitzensorte, doch auch recht arbeitsaufwändig. Für alle niedrigen Baumformen, auch für Spaliere und Topfbäume geeignet. Selten im Handel.

Standort der Sichtungsbäume: *LWG Veitshöchheim, Hochschule Weihenstephan-Triesdorf, Hochschule Geisenheim, Deutsche Genbank Obst Dresden-Pillnitz, Landwirtschaftliche Lehranstalten Triesdorf, Bundessortenamt - Prüfstelle Wurzen, Reiserschnittgarten Baden-Württemberg.*

Bunte Julibirne

Frühsorte

Originalname 'Colorée de Juillet'

Entstehung 1857 erste Früchte in der Baumschule Boisbunel jun. bei Rouen (Frankreich). Seit 1867 im Handel.

Frucht Klein, selten mittelgroß. Schale dünn, trocken, glatt.
Fruchtfleisch weich, halb schmelzend. Ohne ausgeprägtes Aroma, doch guter Geschmack. Vom Baum essbar. Keine Wirtschaftssorte.

Reife Im Weinbauklima ab Mitte Juli, in mittleren Höhenlagen Mitte August. Windfest bis zur Reife. Sobald sich die grüne Farbe heller färbt (vor der Baumreife), sollte in mehreren Durchgängen geerntet werden, sonst wird die Frucht mehlig. Nur wenige Tage haltbar.

Baum Kleine, hoch pyramidale, gering verzweigte Krone mit kurzem Fruchtholz. Mittelstarker Wuchs, bei Vollertrag sehr schwach. Der Schnitt bald nach der Ernte zielt auf bessere Verzweigung, gute Kronenbelichtung und größere Früchte. Vor allem soll der Schnitt eine frühzeitige Vergreisung abwenden. Obwohl mit der Quitte verträglich, ist der Sämling die bessere Unterlage. Im Holz frostempfindlich.

Standort Warme Lagen und tiefgründige, nährstoffreiche Böden fördern bestmögliches Wachstum und frühe Ernte. Trockene, arme Böden sind für den Anbau nicht geeignet. Die Sorte gedeiht aber auch noch bis in mittleren Höhenlagen, u. a. als Wandspalier.

Anfälligkeit Besonders anfällig für Feuerbrand, gering für Schorf. Empfindlich gegen Kupfermittel. Noch vor der Reife Wespenfraß an den Früchten.

Blüte Früh, witterungsempfindlich. Guter Pollenspender. Ein energisches Ausdünnen sollte bald nach der Blüte, spätestens nach dem Junifruchtfall erfolgen.

Ertrag Wegen der kleinen Krone mittelhoch, aber regelmäßig. Auf Quitte setzt der Ertrag ab dem 4., auf Sämling ab dem 6. Standjahr ein.

Anbauwert Wertvolle Frühsorte für niedrige Baumformen in weniger durch Feuerbrand gefährdeten Lagen. Auf Quittenunterlage erschöpft sich der Baum sehr schnell. Arbeitsintensiv durch Sommer- und Winterschnitt, Ausdünnen und Durchpflücken.

Standort der Sichtungsbäume: *Hochschule Weihenstephan-Triesdorf, Hochschule Geisenheim, Deutsche Deutsche Genbank Obst Dresden-Pillnitz, Bundessortenamt - Prüfstelle Wurzen, Reiserschnittgarten Baden-Württemberg.*

Cascade

Herbstsorte

Synonym Erster Name ist 'Lombacad'.

Entstehung 'Rote Williams' × 'Vereinsdechantsbirne'. Züchter ist F. Reimer in Ingelwood, Kalifornien. Es besteht Sortenschutz seit 1992.

Frucht Groß bis sehr groß, ungleichhälftig. Stiel- und Kelchgrube leicht eingesenkt, mit geschlossenen Kelchblättern. Stiel mittellang. Schale gelbgrün, fast völlig mit roter Deckfarbe überzogen. Fruchtfleisch feinzellig, saftig, halb schmelzend und angenehm süß aromatisch.

Reife Ende September. Wird vollreif bald teigig, deshalb ist die Ernte schon etwas vor der Baumreife anzuraten. Möglichst auch ein- bis zweimal durchpflücken.

Baum Breites, etwas hängendes Wuchsbild mit geringer Verzweigung und kurzem Seitenholz. Der Schnitt richtet sich auf mehr Trieberneuerung. Der Wuchs ist mittelstark. Im Holz nicht ganz frostfest.

Standort Wärmere Lagen werden bevorzugt. Es sind aber auch mittlere Höhenlagen, vor allem am südlichen Wandspalier geeignet.

Anfälligkeit Stark für Feuerbrand und Schorf. Empfindlich für Kupfer- und Schwefelmittel.

Blüte Mittel bis spät, etwas witterungsempfindlich. Guter Pollenspender.

Ertrag Mittelhoch, etwas unterschiedlich. Auf Quitte ab dem 4. Standjahr einsetzend.

Anbauwert Nicht geeignet für den Hausgarten. Außer der attraktiven Fruchtfarbe keine wesentliche Verbesserung des Sortiments.

Standort der Sichtungsbäume: *Bundessortenamt - Prüfstelle Wurzen, LWG Veitshöchheim, Landwirtschaftliche Lehranstalten Triesdorf.*

Clairgeau

Spätsorte

Entstehung Zufallssämling. Ausgelesen durch den Gärtner Clairgeau in Nantes (Frankreich). 1860 vom Deutschen Pomologenverein zum Anbau empfohlen.

Frucht Groß bis sehr groß mit unterschiedlicher Form. Sehr kurzer, dicker und schief angesetzter Stiel. Schale dünn, glatt, druckempfindlich.
Fruchtfleisch etwas grobzellig, halb schmelzend, saftig, leicht gewürzt.

Reife Folgernde Reife ab September (in warmen Lagen) bis Anfang Oktober. Zu spät geerntet, werden die Früchte etwas rübig und schmecken fade. Nicht windfest. Etwa 3 Monate haltbar.

Baum Bei Hochstämmen straff aufstrebende, geschlossene, wenig verzweigte Krone bis ins hohe Alter. Extrem schwaches Wachstum durch hohe Fruchtbarkeit. Die Zweige sind spröde und mit Fruchtknospen dicht besetzt.

Ein sorgfältiger Überwachungsschnitt mit gelegentlicher Verjüngung zur Trieberneuerung verhindert die schnelle Vergreisung. Im Holz frostempfindlich.

Standort Wegen des sehr schwachen Wachstums sind nur gute, nährstoffreiche Böden in warmen Lagen geeignet. Sandige Böden lösen starken Fruchtfall aus und die Früchte bleiben klein.

Anfälligkeit Wenig für Feuerbrand und Schorf. Auf schweren Böden häufig Steinzellenbildung.

Blüte Mittelfrüh, wenig witterungsempfindlich. Guter Pollenspender. Ausdünnung bald nach der Blüte oder sofort nach dem Junifruchtfall ist unbedingt erforderlich.

Ertrag Früh einsetzend, hoch bis sehr hoch und auch regelmäßig. Der Baum erschöpft sich dadurch früh.

Anbauwert Liebhabersorte für Spaliere und Topfbäume (auf Quittenunterlage). Für alle anderen Baumformen ist aber die stärker wachsende Sämlingsunterlage empfehlenswerter. Gute Sorte bei günstigem Erntetermin.

Standort der Sichtungsbäume: *Hochschule Geisenheim, Landwirtschaftliche Lehranstalten Triesdorf, Bundessortenamt - Prüfstelle Wurzen, Reiserschnittgarten Baden-Württemberg.*

Clapps Liebling

Frühsorte

Originalname 'Clapps Favourite'

Entstehung Um 1860 aus Samen der 'Holzfarbigen Butterbirne' gezogen. Züchter Thadeus CLAPP in Dorchester, Massachussets (USA).

Typen 'Rote Clapps' (Starkrimson Pear), 1939 aus den USA, 'Aldingers Frühe Clapps' ('Clapps Liebling' x 'Bunte Julibirne'), 'Jumbo Clapps' aus Holland.

Frucht Mittelgroß bis groß. Schale glatt, trocken, aber etwas hart. Fruchtfleisch von guten Standorten feinzellig, schmelzend, saftreich, süß und mit gutem Aroma. Vom Baum essbar.

Reife Folgernd von Anfang bis Mitte August. Wird vollreif schnell mehlig, deshalb ist mehrmaliges Durchpflücken ratsam. Nicht windfest. 10 bis 12 Tage haltbar.

Baum Bei Hochstämmen breit pyramidale Krone mit steilen, später bogig und sparrig nach unten hängenden Gerüstästen. Beim Schnitt wird langes Fruchtholz möglichst geschont. Anfangs starker, im Vollertrag höchstens mittelstarker Wuchs. Im Holz frostempfindlich.

Standort Leichter, nährstoffreicher Boden in warmer Lage wird bevorzugt. Auf leichten Böden auch bis in mittlere Höhen anbaufähig. Windlagen bewirken stärkere Fruchtberostung.

Anfälligkeit Örtlich stark für Feuerbrand und Schorf. Auch anfällig für verschiedene Viren und Pockenmilbe. Bei anhaltender Strahlungshitze treten Laubschäden auf.

Blüte Mittelspät bis spät, lange anhaltend. Nicht witterungsempfindlich. Guter Pollenspender. Das Ausdünnen bald nach der Blüte steigert die Fruchtqualität deutlich und beugt einer Erschöpfung vor.

Ertrag Regelmäßig und vergleichsweise hoch.

Anbauwert Bevorzugt für niedrige Baumformen oder als Spalier. Bisher eine der besten Frühbirnen. für Hausgarten und Streuobst.

Standort der Sichtungsbäume: *Hochschule Weihenstephan-Triesdorf, Deutsche Genbank Obst Dresden-Pillnitz, Bundessortenamt - Prüfstelle Wurzen, Reiserschnittgarten Baden-Württemberg.*

Concorde

Spätsorte

Entstehung 1969 aus 'Vereinsdechant' (Comice) x 'Conference', Plant Breeding International Cambridge (England). 1984 zum Anbau freigegeben. Es besteht Sortenschutz seit 1993.

Frucht Mittelgroß, seltener groß. Form wie 'Conférence', aber glattschaliger. Schale mit kleinen Rostflecken. Druckempfindlich.
Fruchtfleisch feinzellig, saftig. Auf warmen Standorten schmelzend, angenehm süß-aromatisch.

Reife Ab Mitte September, etwa 1 Woche nach 'Conférence'. Im kühlen Naturlager etwa 10 Wochen haltbar.

Baum Mit Quittenunterlage verträglich, der Wuchs ist auf Quitte C aber zu schwach. Wuchs aufrecht mit mäßiger Verzweigung, etwas schwächer als 'Conférence'.

Standort Gute Fruchtqualität auf warmen, windgeschützten, ausreichend feuchten Standorten.

Anfälligkeit Hohe Anfälligkeit für Feuerbrand. Tolerant gegenüber Schorf und Birnengitterrost.

Blüte Mittelspät bis spät mit starkem Blütenbesatz. Guter Pollenspender. Eine Ausdünnung bald nach der Blüte und bei beginnender Fruchtreife ist ratsam.

Ertrag Früh einsetzend. Keine Alternanzneigung.

Anbauwert Als Pflanzware eignen sich nur virusfreie, zweijährige, gut verzweigte und bewurzelte Veredelungen auf Quitte A. Einjährige Veredelungen sind weniger geeignet. Pflanzabstand als Spindel 3 x 1 m.
Gewinnt in ganz Europa als interessante Winterbirne an Bedeutung. Im Garten und Streuobst Einschränkungen wegen der Krankheitsanfälligkeit.

Standort der Sichtungsbäume: *LWG Veitshöchheim, Hochschule Weihenstephan-Triesdorf, Hochschule Geisenheim, Deutsche Genbank Obst Dresden-Pillnitz, Bundessortenamt - Prüfstelle Wurzen, Reiserschnittgarten Baden-Württemberg.*

Condo

Spätsorte

Entstehung 1965 aus 'Conférence' x 'Vereinsdechantsbirne'. Versuchsstation Wageningen, Holland. Seit 1980 im Handel.

Frucht Mittelgroß, seltener groß, mit schlankem Hals. Schale glatt, fest und trocken. Fruchtfleisch auf zusagenden Standorten feinzellig, schmelzend, fest, saftig, süß, jedoch mit wenig Aroma.

Reife Ende September bis Anfang Oktober. Windfest bis zur Reife, dann ist aber starker Fruchtfall möglich. 3 Monate im kühlen Lager haltbar.

Baum Hoch aufrechte, wenig verzweigte Krone, anfangs fast unverzweigt. Mit Quitte verträglich. Die Blüten sitzen vorwiegend an Langtrieben. Anfangs mittelstarker Wuchs, bei Vollertrag eher schwach.

Standort Warme Lagen werden bevorzugt. Als Wandspalier bis in mittlere, geschützte Höhenlagen anbaufähig. Tiefgründige, nährstoffreiche Böden sind für gute Erträge erforderlich.

Anfälligkeit Kaum Feuerbrand oder Schorf, jedoch häufig Rindenkrebs. Chlorose auf schweren, kalkreichen Böden.

Blüte Mittelfrüh, witterungsempfindlich. Keine Nachblüher, deshalb geringere Gefahr durch Feuerbrand. Guter Pollenspender.
Energisches Ausdünnen nach dem Junifruchtfall steigert die Fruchtqualität und beugt einer Erschöpfung vor.

Ertrag Hoch und regelmäßig, aber etwas geringer als bei 'Conférence'.

Anbauwert Die Eigenschaften gleichen denen der Elternsorte 'Conférence'.

Standort der Sichtungsbäume: *LWG Veitshöchheim, Hochschule Weihenstephan-Triesdorf, Bundessortenamt - Prüfstelle Wurzen, Reiserschnittgarten Baden-Württemberg.*

Conférence

Spätsorte

Synonym 'Konferenzbirne'

Typ 'Doppelte Conférence' ist etwas größer, in den anderen Eigenschaften gleich.

Entstehung Um 1885 als Sämling der Sorte 'Léon Leclerc de Laval' in der Baumschule Rivers in Sawbridgeworth, Herfordshire (England). Seit 1894 im Handel.

Frucht Unterschiedliche, oft einseitige Form. Meist mittelgroß, schlank. Schale dünn, je nach Jahreswitterung glatt oder berostet. Wenig druckempfindlich.
Fruchtfleisch von zusagenden Standorten und bei guter Jahreswitterung schmelzend, sehr saftig, süß, aromatisch.

Reife Ab Mitte September. Mehrfaches Durchpflücken ist ratsam, denn bei Vollreife setzt starker Fruchtfall ein.
Etwa 4 Monate bei kühler Lagerung haltbar. Kontrollen sind anzuraten, denn es besteht Neigung zu innerer Fruchtfäule.

Baum Mittelgroße, breit pyramidale, meist gut verzweigte Krone. Anfangs stärkerer, bei Vollertrag schwacher Wuchs.
Der Schnitt zielt auf die Erhaltung der Triebkraft, um vorzeitiges Vergreisen abzuwenden.

Standort Beste Fruchtqualität ist im Weinbauklima auf nährstoffreichen, ausreichend feuchten Böden zu erwarten. Andernfalls ist ein windgeschützter Standort in mittlerer Höhenlage oder ein Wandspalier nach Süden oder Westen noch möglich.

Anfälligkeit Stark anfällig für Feuerbrand. Außerdem anfällig für Krebs, Rindenbrand, Birnenverfall. Empfindlich gegen Kupfermittel.

Blüte Mittelfrüh, etwas witterungsempfindlich. Guter Pollenspender. Vereinzelt tritt Jungfernfrüchtigkeit auf. Ohne energisches Ausdünnen hängen die Früchte oft bündelweise und bleiben klein.

Ertrag Sowohl auf Quitte als auch auf Sämling mittelfrüh einsetzend, hoch und regelmäßig.

Anbauwert Bisher eine der Hauptsorten wegen der guten Lagereigenschaften. Im Erwerbsanbau wird derzeit die holländische Auslese 'M 202' bevorzugt.
Im Garten ist die hohe Krankheitsanfälligkeit zu bedenken.

Standort der Sichtungsbäume: *LWG Veitshöchheim, Hochschule Weihenstephan-Triesdorf, Hochschule Geisenheim, Deutsche Genbank Obst Dresden-Pillnitz, Reiserschnittgarten Baden-Württemberg.*

Darmstädter Bergamotte

Herbstsorte

Blüte Spät, nicht empfindlich.

Ertrag Im Wechsel alle 2 Jahre (ausgeprägte Alternanz).

Anbauwert Bevorzugt für Streuobst und Liebhaberanbau. Die Sorte ist aber kaum mehr im Handel.

Synonym Örtlich auch „Mess-Scheibling" genannt.

Entstehung Unbekannt. 1869 von OBERDIECK beschrieben. FRIEDRICH JUSTINIAN VON GÜNDERODE (1765–1845) soll sie in Darmstadt gepflanzt haben. Er war Präsident der Gartenbaugesellschaft in Darmstadt.

Frucht Mittelgroß, stumpf kegelförmig, mit kurzer Achse. Schale glatt mit zahlreichen, hellen Schalenpunkten.
Fruchtfleisch zart, schmelzend, sehr saftig. Süßweiniger, muskatellerartiger Geschmack. Sehr gute Tafel- und Wirtschaftssorte.

Reife Folgernd ab Mitte September. Windfest bis kurz vor der Reife, dann stark fallend.

Baum Verhältnismäßig breite, ausladende Krone mit sparrigen Ästen. Mittelstarker, im Alter sehr schwacher Wuchs.

Anfälligkeit Kaum für Feuerbrand und Schorf. Etwas anfällig für Pockenmilbe. Keine Chlorose auf schwerem Boden.

David

Spätsorte

Entstehung Entstanden aus 'Dr. Jules Guyot' x 'Vereinsdechant' in Dresden-Pillnitz. Seit 1996 im Handel, Sortenschutz seit 1995.

Frucht Mittelgroß (180 bis 220 g schwer), mittelbauchig. Schale wegen der Roststerne mitunter etwas rau, von guten Standorten glatter. Nicht druckempfindlich.
Fruchtfleisch fest, saftig, mit mittlerem Aroma, mehr süßlich. In guten Lagen schmelzend.

Reife Pflückreife erst Mitte Oktober, so spät wie möglich. Genussreife ab Dezember. Etwa 3 Monate im kühlen Naturlager haltbar.

Baum Lockere, breit pyramidale Krone mit mitteldichter, dünntriebiger Verzweigung. Geringer Schnittaufwand. Wuchs schwach bis mittelstark. Für Hochstämme weniger geeignet.

Standort Warme Lagen werden bevorzugt. Auf nährstoffreichen, ausreichend feuchten Böden bis in (geschützte) mittlere Höhenlagen anbaufähig. Nicht geeignet für Grasland oder auf mageren Böden.

Anfälligkeit Feuerbrandanfällig. Schorf wurde bisher nicht festgestellt. Kupferempfindlich.

Blüte Blüht reich und regelmäßig. Guter Pollenspender. Mittlere Widerstandsfähigkeit gegen Nässe und Spätfrost. Ausdünnen ist nach der Blüte zu empfehlen.

Ertrag Früh einsetzend und regelmäßig. Mittelhoch bis hoch.

Anbauwert Interessante Neuheit für den Erwerbsanbau, im Hausgarten und auch für Streuobst. Bezugsquelle bei den Mitgliedern der „Artevos"-Gruppe.

Standort der Sichtungsbäume: *LWG Veitshöchheim, Hochschule Geisenheim, Deutsche Genbank Obst Dresden-Pillnitz, Bundessortenamt - Prüfstelle Wurzen.*

Decora

Herbstsorte

Entstehung Die Sorte ist eine Züchtung aus Tschechien (Holovousy).
'Decora' kann als echter Columnar-Typ bezeichnet werden.

Frucht Kegelförmige, mittelgroße grüne Früchte, bis 150 g schwer. Schale leuchtend rot überdeckt Fruchtfleisch weich mit süßem Geschmack.

Reife Von Ende September bis Anfang Oktober, Lagerung bis Mitte Dezember.

Reife Von Ende September bis Anfang Oktober, Lagerung bis Mitte Dezember.

Baum Die Sorte wächst schlank und säulenförmig, wird nur 40 cm breit und bis zu 2,50 m hoch. Die Wuchsgeschwindigkeit beträgt etwa 10 – 30 cm/Jahr.

Standort Sonne bis Halbschatten, nicht zu dichter Boden mit mittlerem Nährstoffgehalt. Blüte ist frostempfindlich.

Anfälligkeit Die Sorte ist feuerbrandresistent.

Anbauwert Säulenobst ist optimal für alle, die keinen Garten haben und trotzdem nicht auf eigenes Obst verzichten möchten.
Die Pflanzen finden ausreichend Platz auf der Terrasse oder dem Balkon.

Dessertnaja

Frühsorte

Weiterer Name 'Russische Dessertbirne'

Entstehung Entstanden aus 'Bosc's Flaschenbirne' x 'Olivier de Serres'. Die Sorte soll auf den russischen Züchter Mitschurin (1855-1935) zurückgehen.

Frucht Mittelgroße, veränderliche, ungleichhälftige Fruchtform. Schale dünn, zäh. Je nach Jahreswitterung glatt oder etwas rau.
Fruchtfleisch fest, saftig, halb schmelzend, süß aromatisch.

Reife Je nach Standort ab Mitte August, vom Baum essbar. Nicht windfest. Bis kurz vor der Baumreife ist mehrmals durchzupflücken. Etwa 2 Wochen haltbar.

Baum Breit pyramidales Wuchsbild mit lang überhängenden, mäßig verzweigten, teils schleudernden Ästen. Gut mit Fruchtholz besetzt. Im Holz ausreichend frosthart.
Beim Schnitt sind die hängenden Äste bis zu einem aufrechten Trieb zurückzunehmen.

Standort Auf nährstoffreichen Böden breit anbaufähig bis in mittlere Höhenlagen.

Anfälligkeit Mittlere Anfälligkeit für Feuerbrand und Schorf. Sonst robust.

Blüte Mittelfrüh, sehr zierend, rosafarben. Etwas witterungsempfindlich. Guter Pollenspender. Paarweise hängende Fruchtansätze sollten nach dem Junifall vereinzelt werden.

Ertrag Mittelhoch bis hoch und regelmäßig.

Anbauwert War vorher in Russland verbreitet und beliebt, wurde bei uns als Neuheit eingeführt.
Neben 'Dessertnaja' sind weitere Sorten aus russischer Züchtung beachtenswert, darunter 'Nojabrskaja' und 'Sampanska'.

Standort der Sichtungsbäume: *LWG Veitshöchheim, Hochschule Geisenheim, Deutsche Genbank Obst Dresden-Pillnitz, Bundessortenamt - Prüfstelle Wurzen.*

Deutsche Nationalbergamotte *Herbstsorte*

Synonyme 'Siedenburger', 'Birne ohne Kern' u. a.

Entstehung Ungewiss, soll eine alte Sorte sein, die um 1800 im ehemaligen Großherzogtum Berg entstand.

Frucht Groß, abgestumpft kelchbauchig. Schale dünn und glatt. Fruchtfleisch mittelfest bis weich, saftig, wenig gewürzt.

Reife Ab Ende September, vorzeitiger Fruchtfall ist die Regel. Deshalb mehrmals durchpflücken. Nur etwa 3 Wochen haltbar, wird danach schnell teigig.

Baum Kleinere, hochrunde, dicht verzweigte Krone mit wolligen Sommertrieben. Anfangs kräftiger, im Vollertrag schwacher Wuchs. Schnitt zielt auf laufende Trieberneuerung, damit der Baum nicht vorzeitig vergreist. Im Holz nicht frostfest.

Standort Warme Lagen werden bevorzugt. Gedeiht aber auch noch in mittleren Höhenlagen auf kalkhaltigen Böden.

Anfälligkeit Örtlich stark für Schorf, auch an der Rinde.

Blüte Mittelspät, nicht witterungsempfindlich. Guter Pollenspender. Wegen des regelmäßig hohen Fruchtansatzes ist ein energisches Ausdünnen nach der Blüte anzuraten.

Ertrag Mittelfrüh einsetzend, regelmäßig und sehr hoch.

Anbauwert Früher eine beliebte Marktfrucht, die aber ihre Bedeutung wegen der kurzen Haltbarkeit heute verloren hat.

Standort der Sichtungsbäume: *AHNU Bad Schönborn, Hochschule Geisenheim, Landwirtschaftliche Lehranstalten Triesdorf, Rhöner Apfelinitiative.*

Diels Butterbirne

Herbstsorte

Originalname 'Beurré Diel'

Entstehung 1811 vom Obergärtner MEURIS in Belgien gefunden. VAN MONS benannte sie 1819 zu Ehren des Pomologen DIEL. Ab 1821 in Deutschland verbreitet, 1874 vom Deutschen Pomologenverein zum Anbau empfohlen.

Frucht Groß, auch sehr groß, oft ungleichhälftig. Schale derb, glatt, druckempfindlich. Fruchtfleisch sehr saftig. Auf guten Standorten süß mit feiner Würze und schmelzend. Sonst herb und körnig.

Reife Folgernd ab September. Bei Vollreife starker Fruchtfall, deshalb ist vorher zu ernten. Etwa 6 Wochen haltbar, ohne zu welken. Lagerdauer kann regional unterschiedlich sein.

Baum Häufig unterschiedliche Kronenform, meist breitpyramidal, sparrig und ausreichend verzweigt, mit geneigten Ästen. Breite Blätter an langen Stielen. Gehört zu den am stärksten wachsenden Sorten.

Standort Beste Fruchtqualität ist nur im Weinbauklima oder in geschützten höheren Lagen am südlichen Wandspalier und auf leichteren Böden zu erwarten. Auf klimatisch ungünstigen Standorten werden die Früchte rissig.

Anfälligkeit Mittelstark für Feuerbrand. Stark für Schorf, besonders auf schweren Böden.

Blüte Mittelfrüh, auffallend groß, lange anhaltend, deshalb witterungsempfindlich. Schlechter Pollenspender (triploid).

Ertrag Mittelfrüh einsetzend, im Wechsel mittelhoch bis hoch, aber ohne Alternanz.

Anbauwert Geeignet für den Hausgarten und als Streuobst. In dieser Reifegruppe sind andere, weniger anspruchsvolle Sorten empfehlenswerter, darunter 'Alexander Lucas' oder 'Hortensia'.

Standort der Sichtungsbäume: *AHNU Bad Schönborn, Hochschule Geisenheim, Landwirtschaftliche Lehranstalten Triesdorf, Bundessortenamt - Prüfstelle Wurzen.*

Doppelte Philippsbirne

Herbstsorte

Originalname 'Doyenné de Mérode'

Weitere Namen 'Albertine', 'Frühe Diel', 'Double Philipp' und viele andere.

Entstehung Um 1800 in Belgien, Züchter van Mons.

Frucht Mittelgroß bis groß. Schale dick und hart, glatt, mit Rostfiguren.
Fruchtfleisch sehr saftig, schwach säuerlich. In guten Lagen feinzellig und schmelzend. Vielseitig verwertbar.

Reife Anfang bis Mitte September, windfest bis zur Vollreife. Für eine gute Fruchtqualität sollte nicht vorher geerntet werden. Etwa 2 Wochen haltbar, danach werden die Früchte oft teigig.

Baum Breit pyramidale, oft sehr hohe Krone mit gut verzweigten, teilweise steilen Ästen. Die Bäume werden sehr alt und sollten gelegentlich verjüngt werden.
Nicht verträglich mit Quitte.

Anfangs starker, mit Beginn des Vollertrages noch mittelstarker Wuchs. Im Holz frosthart. Der Überwachungsschnitt zielt auf bessere Verzweigung im unteren Kronenbereich und gute Fruchtqualität. Außerdem soll er eine frühzeitige Vergreisung abwenden.

Standort Wenig anspruchsvoll an Boden und Klima. In kühleren Lagen soll der Boden aber leichter und der Standort windgeschützt sein.

Anfälligkeit Hoch anfällig für Feuerbrand, gering für Schorf. Empfindlich gegen Kupfermittel.

Blüte Früh und lange anhaltend. Nicht witterungsempfindlich. Schlechter Pollenspender da triploid. Bei starkem Behang ist energisches Ausdünnen bald nach der Blüte anzuraten, um einer Erschöpfung des Baumes vorzubeugen.

Ertrag Mittelspät einsetzend, hoch bis sehr hoch und regelmäßig.

Anbauwert Besonders in weniger guten Birnenlagen eine ertragssichere Sorte. In warmen Lagen zugunsten besserer Sorten entbehrlich. Gebietsweise als Streuobstsorte bekannt.

Standort der Sichtungsbäume: *AHNU Bad Schönborn, Hochschule Geisenheim, Landwirtschaftliche Lehranstalten Triesdorf, Rhöner Apfelinitiative, Reiserschnittgarten Baden-Württemberg.*

Edelcrassane

Spätsorte

Originalname 'Passe Crassane'

Entstehung 1855 aus Samen in der Baumschule Boisbunel, Rouen (Frankreich) gezogen.

Frucht Unterschiedlich in Größe und Form, meist groß bis sehr groß, rundliche Bergamotteform. Schale derb, etwas rau. Je kühler der Standort, desto stärker ist die vom Stiel ausgehende Berostung. Nicht druckempfindlich.
Das Fruchtfleisch ist nur auf sehr guten Standorten feinzellig, saftreich, edel gewürzt und schmelzend. Sonst körnig, hart und fade.

Reife Mitte bis Ende Oktober, windfest. Für eine gute Fruchtqualität ist so spät wie möglich zu ernten. Im kühlen Naturlager mindestens 4 Monate haltbar, ohne zu welken.

Baum Sehr steile, aufrechte Krone, dicht mit kurzem Fruchtholz besetzt. Derbe, glänzende Blätter. Nicht für Hochstämme auf Sämling geeignet. Mittelstarker bis starker, im Vollertrag schwacher Wuchs. Im Holz nicht frosthart.

Der Schnitt soll eine bessere Verzweigung und vor allem die Wuchskraft fördern. Eine gelegentliche Verjüngung ist erforderlich.

Standort Bevorzugt für Weinbaulagen oder windgeschützte, warme, höhere Lagen mit nährstoffreichen, mittelschweren Lehmböden.

Anfälligkeit Stark für Feuerbrand und Schorf, wird auch bevorzugt von der Gallmücke befallen.

Blüte Früh, lange anhaltend, witterungsempfindlich. Guter Pollenspender. Ein Ausdünnen nach dem Junifruchtfall beugt der Erschöpfung des Baumes vor.

Ertrag Meist nur mittelhoch. Bei schlechter Blühwitterung sind hohe Ausfälle möglich.

Anbauwert Außerhalb warmer Lagen ist ein Anbau aussichtslos, ausgenommen am warmen, voll besonnten Wandspalier. Die Topfkultur in windgeschützten, warmen Innenhöfen ist möglich.

Standort der Sichtungsbäume: *Hochschule Geisenheim, Landwirtschaftliche Lehranstalten Triesdorf, Bundessortenamt - Prüfstelle Wurzen.*

Erika

Spätsorte

Entstehung 'Bosc's Flaschenbirne' x 'Präsident Drouard'. Züchtungsinstitut Techobuzice, Tschechien. Seit 1984 im Handel. Es besteht Sortenschutz.

Frucht Mittelgroß bis groß, schwer. Stiel mittellang, dick, schief aufsitzend. Weite Kelchgrube. Schale dünn, hart. Gelbgrün ohne Deckfarbe, mit feinen Rostpunkten, v. a. in Kelchnähe. Fruchtfleisch sehr saftig, süß mit feiner Würze.

Reife Je nach Standort ab Anfang Oktober. Windfest bis zur Baumreife, dann aber schnell fallend. Haltbar bis Dezember im kühlen Naturlager.

Baum Pyramidaler Wuchs mit aufrechten Gerüstästen. Gut verzweigt mit kurzem, brüchigem Fruchtholz. Mittelstarkes Wachstum, im Vollertrag schwach.
Der Schnitt zielt vor allem auf die Erhaltung der Wuchskraft, um ein vorzeitiges Vergreisen zu vermeiden.
Wegen der geringen Wuchskraft eine Sorte für die Unterlage 'Pyroplus'.

Standort Die Ertragshöhe erfordert einen nährstoffreichen, mittelschweren Boden in warmer Lage. Wandspaliere sind in windgeschützten, mittleren Höhenlagen noch möglich.

Anfälligkeit Der Feuerbrandstatus ist unbekannt. Frucht- und Blattschorf in geschlossenen Warmlagen.

Blüte Spät, nicht witterungsempfindlich.

Ertrag Früh einsetzend, dann hoch und regelmäßig.

Anbauwert Bei uns noch eine neue Sorte, die vor allem wegen des Feuerbrandes der Beobachtung bedarf.
Für Topfobst und Wandspaliere gut geeignet. Von der Fruchtqualität her keine Spitzensorte.

Standort der Sichtungsbäume: *LWG Veitshöchheim, Deutsche Genbank Obst Dresden-Pillnitz, Bundessortenamt - Prüfstelle Wurzen.*

Esperens Bergamotte

Spätsorte

Originalname 'Bergamotte d'Esperen'

Bemerkung Als Bergamotte-Birnen werden allgemein Sorten mit runden, apfelförmigen Früchten bezeichnet.

Entstehung 1830 aus Samen. Züchter Major D'ESPEREN in Mecheln (Belgien). Um 1855 in Deutschland eingeführt. 1858 vom Pomologenkongress in Lyon zum Anbau empfohlen.

Frucht Mittelgroß, ungleichmäßige Form. Schale derb, durch Rostfiguren etwas rau. Druckfest. Fruchtfleisch rötlich angehaucht. Nur auf warmen Standorten zart, saftig, schmelzend und aromatisch. Sonst nur Wirtschaftssorte mit harten, mitunter rissigen Früchten.

Reife Anfang bis Mitte Oktober, windfest. Für eine gute Fruchtqualität ist so spät wie möglich zu ernten. Bei zu früher Ernte tritt auf dem Lager Welke ein. Trockenheit vor der Reife führt zu vorzeitigem Fruchtfall.
Bei kühler Lagerung etwa 5 Monate haltbar.

Baum Mittelgroße, pyramidale, fast apfelähnliche Krone mit guter Verzweigung. Anfangs mittelstarker bis starker Wuchs, im Vollertrag schwach.
Aufmerksamer Schnitt und eine rechtzeitige Verjüngung verhüten vorzeitiges Vergreisen. Im Holz frostempfindlich.

Standort Bevorzugt für Weinberglagen. Auch wärmere, windgeschützte, höhere Lagen sind geeignet.

Anfälligkeit Mittlere Anfälligkeit für Feuerbrand, starke für Schorf. Steinzellen in den Früchten auf ungünstigen Standorten. Schwefelempfindlich.

Blüte Früh, sehr lange anhaltend, wenig empfindlich. Guter Pollenspender. Eine energische Ausdünnung ist bald nach der Blüte erforderlich, weil sich meist traubige Fruchtansätze bilden.

Ertrag Früh einsetzend. Abhängig von der Witterung meist hoch, aber nicht regelmäßig.

Anbauwert Außerhalb warmer Lagen ist der Anbau nicht empfehlenswert, außer am warmen und voll besonnten Wandspalier. Die Topfkultur ist in windgeschützten und warmen Innenhöfen möglich.

Standort der Sichtungsbäume: *AHNU Bad Schönborn, Hochschule Geisenheim, Landwirtschaftliche Lehranstalten Triesdorf, Rhöner Apfelinitiative.*

Esperens Herrenbirne

Herbstsorte

Originalname 'Seigneur d'Esperen'

Entstehung Um 1828, Züchter Fiévée in Mabeuge (Frankreich). 1860 vom Deutschen Pomologenverein zum Anbau empfohlen.

Frucht Klein bis mittelgroß, etwas ungleichhälftig. Schale dünn, glatt, mit Rostfiguren. Fruchtfleisch in guten Lagen schmelzend, sehr süß und edel gewürzt. Druckempfindlich.

Reife Folgernde Reife ab Mitte September. Ein mehrmaliges Durchpflücken ist ratsam. Haltbar bis zu 2 Wochen.

Baum Aufrechte, pyramidale Krone mit mäßiger Verzweigung, im Alter Neigung zu hängenden Ästen. Zunächst kräftiger Wuchs, im Vollertrag schwach. Typisch schmale, spitze Blätter mit hellen Stielen und Blattrippen. Verträglich mit Quitte.

Standort Anbau nur warme Lagen und tiefgründigen, nährstoffreiche Böden. Geschützte, mittlere Höhenlagen können noch geeignet sein. In ungünstigen Lagen bleiben die Früchte zu klein und schmecken fade.

Anfälligkeit Besonders auf schweren Böden erhöht sich die Gefahr für Blatt- und Fruchtschorf.

Blüte Spät, lange anhaltend. Witterungsempfindlich. Guter Pollenspender. Ein Ausdünnen bald nach der Blüte erweist sich in guten Lagen als ertragsregulierend.

Ertrag Je nach Lage und Jahreswitterung unterschiedlich hoch. Alternanz ist möglich.

Anbauwert Ausgesprochene Liebhabersorte für Form- und Topfbäume. War früher verbreitet und galt als eine der besten Herbstbirnen.

Standort der Sichtungsbäume: *Landwirtschaftliche Lehranstalten Triesdorf, Pomona Franconica Merkendorf.*

Fertilia Delbard

Herbstsorte

Entstehung 1960 aus 'Williams Christbirne' x 'Frühe Morettini' in der Baumschule Delbard, Commentry (Frankreich).

Frucht Meist groß, oft unregelmäßige Form. Schale dünn, glatt, mit einzelnen Roststellen. Nicht druckfest. Fruchtfleisch mittelfest, sehr saftig und süß, mit feiner Säure. In warmen Lagen schmelzend.

Reife Folgernd ab Mitte September. Mehrmaliges Durchpflücken ist empfehlenswert. Etwa 5 Wochen im kühlen Naturlager haltbar.

Baum Breites, gut verzweigtes Wuchsbild, nach außen hängend. Mittelstarker Wuchs, bei Vollertrag schwächer. Ein regelmäßiger Schnitt zielt auf den Erhalt der Triebkraft, um vorzeitige Vergreisung zu verhüten.

Standort Warme, geschützte Lagen und nährstoffreiche Böden sind für eine gute Fruchtqualität unbedingt notwendig.

Blüte Früh, wenig empfindlich.

Ertrag Früh einsetzend, hoch und regelmäßig.

Standort der Sichtungsbäume: *Hochschule Geisenheim, Deutsche Genbank Obst Dresden-Pillnitz, Landwirtschaftliche Lehranstalten Triesdorf, Kompetenzzentrum Obstbau-Bodensee.*

Frühe von Trévoux

Frühsorte

Original-name 'Précoce de Trévoux'

Mutante 'Supertrévoux', 1956 in Holland entdeckt. Mit größeren Früchten, gestauchtem Wuchs und viel Quirlholz. Vergreist früh wegen hoher Fruchtbarkeit. Keine Verbesserung.

Entstehung Stammt aus der Baumschule Treyve in Trévoux sûr Rhône (Frankreich). Erste Früchte wurden 1862 vorgestellt.

Frucht Mittelgroß, oft auch groß, in der Form veränderlich. Auffällig der aufsitzende, kurze Stiel. Schale glatt, trocken. Druckempfindlich erst bei Genussreife.
Fruchtfleisch in guten Lagen feinzellig, schmelzend, sehr saftig, süß, mit mildem Aroma. Vielseitig verwertbar.

Reife Folgernd ab Mitte August. Bis zur Baumreife windfest. Mehrmaliges Durchpflücken ist sehr ratsam, denn nach der Vollreife werden die Früchte schnell mehlig.
Etwa 2 Wochen haltbar.

Baum Stark aufrechte, wenig verzweigte Krone. Kurzes und langes Frucht- und Quirlholz an teilweise hängenden Ästen. Quittenunterlage nur auf besten Böden, sonst ist der Sämling angebracht. Mittelstarker Wuchs, bei Vollertrag schwach. Der Schnitt zielt auf laufende Trieberneuerung. Gelegentliche Verjüngung verhindert ein vorzeitiges Vergreisen. Im Holz frosthart.

Standort Je wärmer die Lage, desto besser ist die Fruchtqualität. Möglich sind noch geschützte, mittlere Höhenlagen mit leichten, aber nährstoffreichen Böden. Nasse, schwere Böden sind wegen der Anfälligkeit für Chlorose ungeeignet.

Anfälligkeit Sehr stark für Feuerbrand, auch anfällig für Birnenverfall. Örtlich, besonders in Tallagen, stark für Schorf. In ungünstigen Lagen Steinzellen in den Früchten.

Blüte Mittelfrüh. Lange anhaltend, nicht witterungsempfindlich. Guter Pollenspender. Neigung zu Jungfernfrüchtigkeit bei mangelhafter Bestäubung. Eine energische Ausdünnung bald nach der Blüte sollte die Regel sein, um eine Erschöpfung des Baumes abzuwenden.

Ertrag Spät einsetzend, hoch und regelmäßig. Nur selten Alternanz.

Anbauwert Eine der besten Frühbirnen, die bis in mittleren Höhenlagen gedeiht. Bei fachgerechter Pflege (Schnitt, Düngung, Pflanzenschutz) auch gut für Spalier- und Topfbäume geeignet.

Standort der Sichtungsbäume: *AHNU Bad Schönborn, Hochschule Geisenheim, Deutsche Genbank Obst Dresden-Pillnitz, Landwirtschaftliche Lehranstalten Triesdorf, Bundessortenamt - Prüfstelle Wurzen.*

Gelbmöstler

Herbstsorte

Entstehung Ungewiss, stammt vermutlich aus der Schweiz, soll dort im 18. Jh. im Anbau gewesen sein.

Frucht Klein bis mittelgroß, bergamotteförmig mit flacher, fast aufsitzender Kelchgrube. Schale dünn, sehr fest. Gelb, sonnenseits mitunter rötlichbraun.
Fruchtfleisch gelblich, grobzellig oder etwas grießig, saftig mit hohem Zucker-/Säuregehalt. Wird vollreif rasch teigig.

Reife Ab Mitte September. Frühe Ernte ergibt einen gerbstoffreichen, klaren Most.

Baum Große, dicht verzweigte Krone mit teilweise überhängenden Zweigen. Starker Wuchs. Vollkommen frostfest im Holz.

Standort Breit anbaufähig bis in höhere Lagen, ohne Ansprüche an den Boden. Keine Sorte für ausgesprochene Warmlagen.

Anfälligkeit Am optimalen Standort kaum anfällig für Krankheiten und Schädlinge. In höheren Lagen auch kein Feuerbrand.

Blüte Mittelfrüh. Triploid, schlechter Pollenspender.

Ertrag Spät einsetzend. Jährlichen Wechsel zwischen sehr hoch und völligem Ertragsausfall (ausgeprägte Alternanz). Im langfristigem Durchschnitt immer noch hoch.

Anbauwert Hauptsächlich für Streuobst. Sehr gut als Brennfrucht geeignet. Landschaftsprägende, mächtige Bäume.

Standort der Sichtungsbäume: *Landwirtschaftliche Lehranstalten Triesdorf, Reiserschnittgarten Baden-Württemberg.*

Gellerts Butterbirne

Herbstsorte

Originalname 'Beurré Hardy'

Entstehung Ungewiss, es gibt 2 Angaben:
A. Oberdieck erhielt sie 1838 namenlos aus Belgien von van Mons und nannte sie nach dem Dichter Gellert.
B. 1830 von Bonnet in Boulogne aus Samen gezogen und 1845 nach M. Hardy, dem Direktor des Jardin du Luxembourg, benannt. 1863 vom Pomologenverein zum Anbau empfohlen.

Frucht Mittelgroß, auf Quitte auch groß, in der Form veränderlich, ungleichhälftig. Schale trocken, dick, rau. Außer Schattenfrüchte fast ganzflächig berostet. Nicht druckfest. Fruchtfleisch auch bei ungünstiger Witterung schmelzend, saftig, mit gutem Aroma. Vielseitig verwertbar.

Reife Auf günstigem Standort ab Ende August, sonst Mitte bis Ende September. Fruchtfall bei zu später, fader Geschmack und Welkeneigung bei zu früher Ernte. 3 bis 4 Wochen haltbar, am besten im kühlen Freilager. Laufende Kontrolle auf Fruchtfleischbräune ist notwendig.

Baum Aufrechte, hohe, gering verzweigte Krone mit langem und kurzem Fruchtholz. Gerüstäste wachsen steil bis schräg aufrecht, hängende Seitenäste. Gut mit Fruchtholz bekleidet. Der Schnitt (sparsam bis zum Vollertrag) zielt auf bessere Verzweigung der unteren Baumregion und Minderung der Mittelachse. Wuchs bis Vollertrag sehr stark. Frosthart im Holz.

Standort Für alle windgeschützten, auch höheren Lagen. Anspruchslos an den Boden, er soll aber nicht kalt und trocken sein, sonst Fruchtfall.

Anfälligkeit Mittlere Anfälligkeit für Feuerbrand, Krebs und Birnenverfall. Stark für Schorf und Steinzellenbildung auf nassen, kalten Böden. Mitunter Befall durch die Gallmücke und Wespenfraß an den Früchten.

Blüte Lange anhaltend, nicht witterungsempfindlich. Guter Pollenspender. In Ertragsjahren sollte nach der Blüte energisch ausgedünnt werden, um die Alternanz zu mindern.

Ertrag Mittelspät einsetzend, auf Sämling ab dem 10. Standjahr, alle 2 Jahre hoch bis sehr hoch. Auf Quitte nach 6 Jahren einsetzend und etwas regelmäßiger.

Anbauwert In kleineren Gärten auf Sämling zu starkwüchsig, auch arbeitsaufwändig in der Pflege. Im extensiven Anbau noch empfehlenswert. Die Sorte ist wenig für Hecken und nicht für Wandspaliere geeignet. Man nimmt sie gerne für Zwischenveredelungen (Nicolieren) und als Stammbildner für Hochstämme.

Standort der Sichtungsbäume: *AHNU Bad Schönborn, LWG Veitshöchheim, Hochschule Weihenstephan-Triesdorf, Hochschule Geisenheim, Deutsche Genbank Obst Dresden-Pillnitz, Landwirtschaftliche Lehranstalten Triesdorf, Bundessortenamt - Prüfstelle Wurzen, Reiserschnittgarten Baden-Württemberg.*

General Leclerc

Herbstsorte

Entstehung 1950 als Sämling von 'Vereinsdechantsbirne'. Ausgelesen in der Baumschule Noblot (Frankreich). Seit 1974 im Handel.

Frucht Meist groß, birnenförmig. Schale rau, dick und fest, mit netzartiger Berostung. Früchte sind druckempfindlich.
Fruchtfleisch ist feinkörnig und saftig. Geschmack ähnlich der Muttersorte.

Reife Je nach Standort Mitte bis Ende September, auch Anfang Oktober. Windfest bis zur Reife, auf trockenen Standorten früher Fruchtfall. Etwa 5 Wochen im kühlen Naturlager haltbar.

Baum Breite Krone mit schrägen Ästen, kräftiges Seitenholz. Gut besetzt mit Fruchtknospen. Wuchs anfangs auch auf Quitte stark, mit dem Vollertrag beträchtlich nachlassend. Im Holz frostfest.

Standort Wärmere Standorte auf tiefgründigen, nährstoffreichen Böden werden bevorzugt. In mittleren Höhenlagen ist der Anbau als Spalierobst noch möglich.

Anfälligkeit Stark für Feuerbrand, gering für Schorf. Pockenmilbe tritt häufig auf.

Blüte Mittelfrüh, witterungsempfindlich. Neigung zu Nachblühern. Daher wächst die Infektionsgefahr durch Feuerbrand. Energisches Ausdünnen mindert die Alternanzneigung.

Ertrag Jährlicher Wechsel zwischen hohen und sehr geringen Ernten bis zum Ertragsausfall (ausgeprägte Alternanz).

Anbauwert In jeder Hinsicht mit 'Vereinsdechant' vergleichbar. Keine nennenswerte Verbesserung der Muttersorte.

Standort der Sichtungsbäume: *Hochschule Geisenheim, Genbank Obst Dresden Pillnitz, Landwirtschaftliche Lehranstalten Triesdorf, Bundessortenamt - Prüfstelle Wurzen, Reiserschnittgarten Baden-Württemberg.*

Gorham

Herbstsorte

Entstehung 1910 aus 'Williams Christbirne' x 'Josefine von Mecheln'. Züchter R. Wellington, Versuchsstation Geneva, New York (USA). Verbreitung ab 1923.

Frucht Mittelgroß bis groß, meist ungleichhälftig. Schale trocken, glatt, mit unterschiedlich starker Berostung.
Fruchtfleisch von warmen Standorten feinzellig, schmelzend, mit gutem Geschmack. Andernfalls grobkörnig und fade. Vielseitig verwertbar.

Reife Ende September. 5 bis 6 Wochen haltbar.

Baum Aufrechte, pyramidale und dichte Krone. Gut mit Seitenholz besetzt. Im Vollertrag schwacher Wuchs. Der Schnitt zielt hauptsächlich auf eine Trieberneuerung im unteren Kronenbereich und eine Einschränkung des steilen Wuchses.

Standort Beste Fruchtqualität ist nur in warmen oder mindestens geschützten Lagen auf nährstoffreichen Böden zu erwarten.
In mittleren Höhenlagen ist der Anbau am südlichen Wandspalier noch möglich.

Anfälligkeit Tolerant gegenüber Feuerbrand. Mittlere Schorfanfälligkeit.

Blüte Spät, wenig witterungsempfindlich. Guter Pollenspender. Nach der Blüte oder dem Junifruchtfall sollte ausgedünnt werden.

Ertrag Hoch und fast regelmäßig.

Anbauwert Vor allem wegen der Toleranz gegenüber dem Feuerbrand und der vertretbaren Anfälligkeit für Schorf ist ein probeweiser Anbau, etwa auf einem Mehrsortenbaum, empfehlenswert.

Standort der Sichtungsbäume: *Hochschule Geisenheim, Deutsche Genbank Obst Dresden-Pillnitz, Landwirtschaftliche Lehranstalten Triesdorf, Bundessortenamt - Prüfstelle Wurzen.*

Gräfin von Paris

Spätsorte

Originalname 'Comtesse de Paris'

Entstehung Um 1884. Züchter war William FOURCINE in Dreux (Frankreich).

Frucht Je nach Bodenverhältnissen mittelgroß bis groß. Schale dick, trocken, hart und zäh. Abhängig von der Jahreswitterung mehr oder weniger stark berostet. Druckempfindlich. Fruchtfleisch in besten Lagen schmelzend, sehr saftig, mit gutem Geschmack. Andernfalls grob, trocken, fade und nur für die Verwertung zu gebrauchen.

Reife Je nach Lage Mitte bis Ende Oktober, sehr windfest. Zu früh geerntete Früchte welken auf dem Lager. Etwa 3 Monate im kühlen, luftfeuchten Lager haltbar, sonst kürzer.

Baum Schöne, breit pyramidale Krone mit schrägen, nur mäßig verzweigten Ästen. Blätter sind weißfilzig behaart, die Jahrestriebe punktiert. Der Schnitt zielt auf besser verzweigte Äste im unteren Kronenbereich. Eine Begrenzung des meist steilen Mitteltriebes und eine rechtzeitige Verjüngung ist erforderlich. Wuchs anfangs stark, im Vollertrag und auf mageren Böden schwach. Unverträglich mit Quittenunterlage.

Standort Beste Fruchtqualität ist nur in Weinbaulagen erzielbar. In geschützten, mittleren Höhenlagen muss der Boden leicht sein.

Anfälligkeit Hoch anfällig für Feuerbrand. Besonders auf schweren Böden stark für Schorf an Blättern, Früchten und Rinde. Stärkere Laubschäden und Fruchtberostung bei Strahlungshitze mit anhaltender Trockenheit. Empfindlich gegen Kupfer- und Schwefelmittel. Gelegentlich tritt die Pockenmilbe auf.

Blüte Früh, kurz anhaltend, witterungsempfindlich. Guter Pollenspender. Das Ausdünnen fördert die Fruchtgröße und verhindert ein frühes Vergreisen.

Ertrag Mittelfrüh einsetzend, mittelhoch bis hoch und regelmäßig.

Anbauwert Im Garten nur für erfahrene Anbauer und nur in besten Lagen empfehlenswert. An Wandspalieren ist eine westliche Ausrichtung empfehlenswerter als die südliche.

Standort der Sichtungsbäume: *AHNU Bad Schönborn, Hochschule Geisenheim, Deutsche Genbank Obst Dresden-Pillnitz, Landwirtschaftliche Lehranstalten Triesdorf, Bundessortenamt - Prüfstelle Wurzen, Reiserschnittgarten Baden-Württemberg.*

Grand Champion

Herbstsorte

Entstehung 1936 als Knospenmutation von 'Gorham' in Hood River, Oregon (USA), entstanden.

Frucht Mittelgroß, seltener groß. Schale dünn, fast ganzflächig berostet. Neigt dazu, am Stielende zu schrumpfen. Druckempfindlich. Fruchtfleisch feinzellig, sehr saftig, auf warmen Standorten schmelzend und aromatisch.

Reife Je nach Standort ab Mitte September. Mehrmaliges Durchpflücken ist zu empfehlen. Im kühlen Naturlager etwa 5 Wochen haltbar.

Baum Aufrechte, säulenartige, wenig verzweigte Krone. Mittelstarker Wuchs, im Vollertrag schwach, besonders auf mageren Böden. Der Schnitt zielt auf breiteres Wachstum und eine besser verzweigte Krone.

Standort Beste Fruchtqualität ist nur in warmen oder geschützten Lagen und auf nährstoffreichen Böden zu erzielen.

Anfälligkeit Gering für Feuerbrand, mäßig für Blatt- und Fruchtschorf. Birnengitterrost kann auftreten.

Blüte Früh bis mittelfrüh, wenig witterungsempfindlich. Eine Ausdünnung nach der Blüte ist nur bei erkennbar stärkerem Behang erforderlich.

Ertrag Spät einsetzend, dann jährlich wechselnd zwischen mittelhoch und hoch.

Anbauwert Gute Tafel- und Wirtschaftssorte.

Standort der Sichtungsbäume: *Hochschule Geisenheim, Deutsche Genbank Obst Dresden-Pillnitz, Landwirtschaftliche Lehranstalten Triesdorf, Bundessortenamt - Prüfstelle Wurzen.*

Graue Herbst-Butterbirne

Herbstsorte

Original-name Vermutlich 'Isambart'

Bemerkung Nach W. Hooker (1779–1832) beschrieb sie Olivier de Serres 1608 als die schon früher in Frankreich bekannte Sorte 'Isambart'. Sie sollte fortan Beurré (Butterbirne) genannt werden. Möglicherweise ist sie auch identisch mit der 'Schmalzbirn', die der deutsche Pomologe Cordus (1515–1544) erwähnte.

Entstehung Ungewiss. Soll in der Normandie schon 1628 bekannt gewesen sein.

Frucht Mittelgroß, veränderliche Form. Schale dick, etwas rau, druckfest.
Fruchtfleisch feinzellig. Von warmer Lage und bei guter Jahreswitterung sehr saftig, schmelzend, süß aromatisch.

Reife Je nach Lage ab Ende September. Windfest bis zur Baumreife. Etwa 6 Wochen im kühlen Naturlager haltbar.

Baum Mittelgroße, etwas sparrige Krone mit überhängenden Zweigen. Anfangs kräftiger, bei Vollertrag schwacher Wuchs.

Standort Für eine gute Fruchtqualität sind eine warme Lage und ein nährstoffreicher Boden erforderlich. Andernfalls werden die Früchte rissig und schmecken fade.

Anfälligkeit Mittelstark für Feuerbrand, in ungünstigen Lagen stark für Schorf.

Blüte Früh, witterungsempfindlich.

Ertrag Jährlicher Wechsel zwischen hohen und sehr geringen Erträgen (ausgeprägte Alternanz).

Anbauwert Liebhabersorte. Früher auch in England und Amerika weit verbreitet, aber heute wegen ihrer Anfälligkeit kaum noch im Anbau.

Standort der Sichtungsbäume: *AHNU Bad Schönborn, Landwirtschaftliche Lehranstalten Triesdorf.*

Großer Katzenkopf

Spätsorte

Namen Es gibt etwa 70 verschiedene Namen für die Sorte.

Entstehung Unbekannt. Soll schon 1590 in Bamberger Baumschulen erhältlich gewesen sein. Wurde in Frankreich unter dem Namen 'Catillac' (oder 'Cadillac') verbreitet.
1853 vom Deutschen Pomologenverein zum Anbau als Wirtschaftssorte empfohlen.

Frucht Groß bis sehr groß, dickbauchige Kreiselform. Schale dick, glatt.
Fruchtfleisch fest bis hart, grobkörnig, saftig, mit sehr herbem Geschmack. Bleibt beim Kochen fest und färbt sich rötlich. Nicht für den Rohverzehr geeignet.

Reife Ab Ende Oktober. Vorzeitiger Fruchtfall wegen des hohen Fruchtgewichtes. In kühlem, feuchten Naturlager bis Juni haltbar.

Baum Große, lockere, aber etwas wirre Krone mit kurzem Seitenholz, nach außen hängend. Große, unterseits behaarte Blätter. Anfangs sehr starker, im Vollertrag schwacher Wuchs.

Standort In rauen, windigen Lagen kann Spitzendürre an älteren Bäumen auftreten. Breit anbaufähig. Der Baum kann sehr alt werden.

Anfälligkeit Keine Krankheiten und kein Schädlingsbefall bekannt.

Blüte Spät, auffallend groß, lange anhaltend und nicht witterungsempfindlich. Schlechter Pollenspender (triploid).

Ertrag Früh einsetzend. Jährlicher Wechsel zwischen hohen und geringen Erträgen (ausgeprägte Alternanz).

Anbauwert Hervorragende Wirtschaftssorte vor allem für den extensiven Anbau. Zur Blütezeit von großem Zierwert.

Standort der Sichtungsbäume: *AHNU Bad Schönborn, Landwirtschaftliche Lehranstalten Triesdorf, Rhöner Apfelinitiative.*

Grüne Jagdbirne

Spätsorte

Entstehung Unbekannt, soll deutscher Herkunft sein.

Frucht Klein, höchstens mittelgroß. Schale dünn, hart, druckfest. Fruchtfleisch je nach Standort und Jahreswitterung grobzellig bis körnig, saftig und sehr herb.

Reife Ab Mitte Oktober. Oft hängen die Früchte noch nach dem Laubfall am Baum. Bis zur Verwertung ist ein kühles, frostfreies Freilager bis November oder Dezember vertretbar.

Baum Breitpyramidale, hohe und große Krone mit überhängenden, etwas dünnen Zweigen und gesundem Laub. Im Holz frosthart. Der Baum kann sehr alt werden.

Standort Bis in höhere, auch raue Lagen anbaufähig. Tiefgründige Böden sind vorteilhaft, auf mageren Böden bleiben die Früchte körnig und fade.

Anfälligkeit Mittelstark anfällig für Feuerbrand, nur in geschlossenen Lagen für Schorf. Birnengitterrost kann in Wacholdernähe verstärkt auftreten.

Blüte Spät, lange anhaltend. Nicht witterungsempfindlich.

Ertrag Bei Hochstämmen erst nach etwa 10 Jahren einsetzend, dann fast regelmäßig mittelhoch bis hoch.

Anbauwert Wertvolle Wirtschafts- und Mostsorte, auch zum Verschnitt mit Apfelmost geeignet. Vielseitige Verwertungsmöglichkeiten.

Standort der Sichtungsbäume: *AHNU Bad Schönborn, Landwirtschaftliche Lehranstalten Triesdorf.*

Grumkower Butterbirne

Spätsorte

Entstehung Ungewiss. Gefunden Ende des 18. Jh. vom Kantor Koberstein aus Rügenwalde im Dorf Grumbkow bei Stolp (Hinterpommern). 1806 von dem Pomologen Diel beschrieben und 1857 vom Deutschen Pomologenverein zum Anbau empfohlen.

Frucht Groß bis sehr groß. Unterschiedliche Form mit typischen Wülsten und Beulen über der Frucht. Schale dick, fest, glatt, beim Verzehr störend. Druckfest.
Fruchtfleisch grobzellig, halb schmelzend, mit Steinzellen um das Kernhaus. Saftig mit fein würzigem, guten Geschmack.

Reife Folgernd ab Anfang Oktober. Wegen des hohen Fruchtgewichtes nicht windfest. Es ist mehrfach durchzupflücken. Etwa 4 Wochen haltbar.

Baum Breit pyramidale, lockere, ausreichend verzweigte Krone mit hängenden Zweigen. Im Alter mehr aufrecht wachsend. Krummwüchsige Stämme. Im Holz nicht frostfest.
Der Baum wird sehr alt.

Standort Anspruchslos an das Klima, wenn der Boden nährstoffreich und ausreichend feucht ist.

Anfälligkeit Sehr stark für Schorf. Das Laub ist empfindlich gegen Strahlungshitze.

Blüte Mittelfrüh, lange anhaltend. Nicht witterungsempfindlich. Guter Pollenspender.

Ertrag Auf Sämling nach etwa 7 Jahren einsetzend, dann hoch und regelmäßig.

Anbauwert Liebhabersorte, nicht für Formobst geeignet. Für eine tragfähige Krone braucht es einen hohen Schnittaufwand über einen längeren Zeitraum. Die frühere Bedeutung ist heute nicht mehr gegeben.

Standort der Sichtungsbäume: *Landwirtschaftliche Lehranstalten Triesdorf, Pomona Franconica Merkendorf, Bundessortenamt - Prüfstelle Wurzen.*

Gute Graue

Frühsorte

Namen Zahlreiche Doppelnamen.

Entstehung Ungewiss. LE LECTIER beschrieb die Sorte 1628 als 'De Forêt d'Eté', DIEL (1804) als 'Graue Sommer-Butterbirne'. 1851 vom Deutschen Pomologenverein zum allgemeinen Anbau empfohlen.

Frucht Klein bis mittelgroß. Je nach Standort kann die Beschaffenheit unterschiedlich sein. Schale dick und hart, störend beim Verzehr. Nicht druckfest.
Fruchtfleisch schmelzend, saftig und edel aromatisch. Bei kalter Jahreswitterung hart und grießig.

Reife Je nach Lage folgernd ab Ende August. Windfest bis kurz vor der Baumreife, dann schnell fallend. Mehrmaliges Durchpflücken ratsam. Etwa 7 Tage haltbar.

Baum Breite, hochkugelige, im Alter mächtige Krone mit schräg aufrechten, wenig verzweigten Gerüstästen.

Starker Wuchs bis ins hohe Alter. Frosthart im Holz. Mitunter bringen einzelne Äste im Baum einen nur geringen, andere dagegen einen hohen Ertrag.

Standort Auf tiefgründigen Böden bis in raue Höhenlagen anbaufähig. Auf trockenen Böden bleiben die Früchte klein, rissig und fade.

Anfälligkeit Mittlere Anfälligkeit für Feuerbrand, gering für Schorf. In feuchten Sommern kann Fruchtfäule schon am Baum auftreten.

Blüte Spät, kurz anhaltend. Etwas witterungsempfindlich. Schlechter Pollenspender (triploid).

Ertrag Nicht vor dem 10. Standjahr einsetzend, dann jährlicher Wechsel zwischen hohen Erträgen und Ertragsausfall (ausgeprägte Alternanz).

Anbauwert Liebhabersorte, auch für Grenzlagen des Birnenanbaues noch geeignet. Vielseitige Fruchtverwertung.

Standort der Sichtungsbäume: *AHNU Bad Schönborn, Hochschule Weihenstephan-Triesdorf, Deutsche Genbank Obst Dresden-Pillnitz, Landwirtschaftliche Lehranstalten Triesdorf, Reiserschnittgarten Baden-Württemberg.*

Gute Luise

Herbstsorte

Namen 'Gute Louise von Avranches'. Erster Name: 'Bonne de Longueval'.

Bemerkung Der Typ 'Doppelte Gute Luise' stammt aus Holland, ist in der Frucht größer, aber sonst identisch. 'Gute Luise' ist aber nicht identisch mit der französischen Sorte 'Louise Bonne'.

Entstehung 1780 von DE LONGUEVAL aus Samen gezogen und später nach seiner Frau Louise benannt. 1796 von Pfarrer SICKLER für Deutschland beschrieben und 1874 vom Deutschen Pomologenverein zum Anbau empfohlen.

Frucht Meist mittelgroß, von alten Bäumen klein. Schale geschmeidig, glatt, mit forellenartigen Schalenpunkten. Bei kühler Jahreswitterung auch mit Roststellen.
Fruchtfleisch in guten Lagen schmelzend, saftreich, mit edlem Aroma.

Reife In guten Lagen und auf Quitte folgernd ab Ende August, auf Sämling später. Windfest bis kurz vor der Baumreife, dann schnell fallend. Deshalb ist mehrmals durchzupflücken, wenn die Grundfarbe gelblich wird. Etwa 6 bis 8 Wochen im kühlen Lager haltbar. Bei Überlagerung Fruchtfleisch- und Schalenbräune.

Baum Zunächst steil aufrechte, im Alter breitere Krone mit starken, gut verzweigten Ästen und schmalen Blättern. Das Fruchtholz sitzt kurz und dicht an den Zweigen.
Sorgfältiger Überwachungsschnitt ist nötig zum Erhalt der Triebkraft und um vorzeitige Vergreisung zu verhüten. Wenn eine Verjüngung unterbleibt, kann der Baum im Alter verkümmern.

Standort Beste Fruchtqualität ist nur in warmen oder geschützten, mittleren Höhenlagen und auf nährstoffreichen Böden erzielbar. Auf armen, trockenen Böden bleiben die Früchte klein, fade und werden steinfrüchtig.

Anfälligkeit Mittelstark für Feuerbrand, stark für Schorf. Auf Kalkböden tritt Chlorose auf.

Blüte Mittelfrüh, kurz anhaltend und wenig witterungsempfindlich. Guter Pollenspender. Nach Blütenfrost treten Frostringe um den Kelch und Jungfernfrüchte auf. Bei starkem Fruchtansatz bald nach der Blüte ausdünnen, um eine Erschöpfung des Baumes zu verhüten.

Ertrag Auf Quitte ab dem 4. Standjahr, dann im Wechsel hohe und mittlere Erträge. Auf Sämling beginnt der Ertrag ab dem 7. Standjahr.

Anbauwert Noch immer eine der Hauptsorten in guten Lagen, aber hoher Pflegeaufwand. Vielseitig verwertbar. Auch für Spaliere und Topfobst.

Standort der Sichtungsbäume: *LWG Veitshöchheim, Hochschule Weihenstephan, Hochschule Geisenheim, Genbank Obst Pillnitz, Landwirtschaftliche Lehranstalten Triesdorf.*

Guyot

Frühsorte

Voller Name 'Dr. Jules Guyot'

Entstehung Entstanden in der Baumschule Baltet in Troyes (Frankreich). Seit 1875 im Handel.

Frucht Groß bis sehr groß. Ungleichhälftig, mit flachen Kanten über der Frucht. Schale glatt, etwas hart. Bei kühler Jahreswitterung stärker berostet. Druckempfindlich.
Fruchtfleisch von guten Lagen schmelzend, saftig, süß, leicht gewürzt. Nach kühler Jahreswitterung fader Geschmack.

Reife Gegen Ende August. Windfest bis zur Baumreife, dann schnell fallend. Am besten ist hartreif bei noch grüner Schale zu ernten. Vom Baum essbar. Später werden die Früchte schnell mehlig. Höchstens 2 Wochen haltbar.

Baum Spitz pyramidale, gering verzweigte Krone mit kurzem und langem Fruchtholz. Schmale, schiffartige Blätter. Zunächst kräftig aufrechter Wuchs, bei Vollertrag schwach.

Der Schnitt sofort nach der Ernte zielt auf bessere Verzweigung und Trieberneuerung, damit der Baum nicht vergreist. Gelegentliche Verjüngung ist erforderlich.

Standort Wegen der hohen Erträge sind nährstoffreiche, ausreichend feuchte Böden eine Anbauvoraussetzung. Die Klimaansprüche sind weniger hoch.

Anfälligkeit Stark für Feuerbrand, aber gering für Schorf. Empfindlich gegen Kupfermittel und Strahlungshitze. Wespenfraß schon vor der Reife. Frostempfindlich nach hohem Ertrag.

Blüte Mittelfrüh, lange anhaltend und witterungsempfindlich. Guter Pollenspender. Nach der Blüte ist immer auszudünnen, um eine Erschöpfung des Baumes zu verhüten.

Ertrag Sehr früh einsetzend, dann auch sehr hoch und regelmäßig.

Anbauwert Füllt eine Lücke zwischen 'Clapps Liebling' und 'Williams Christbirne'. Ertragssteuernde Maßnahmen (Schnitt, Ausdünnung, ausreichende Nährstoffzufuhr) sind erforderlich, um eine vorzeitige Vergreisung zu vermeiden. Für Spaliere und Topfkultur geeignet.

Standort der Sichtungsbäume: *Hochschule Geisenheim, Deutsche Genbank Obst Dresden-Pillnitz, Landwirtschaftliche Lehranstalten Triesdorf, Bundessortenamt - Prüfstelle Wurzen.*

Hardenponts Winter-Butterbirne

Spätsorte

Original-name 'Beurré d'Arenberg'

Entstehung Seit 1759 in Belgien bekannt. Abbé Nicolas HARDENPONT zog sie aus Samen.

Frucht Groß bis sehr groß, ungleichmäßige, oft schiefe Form. Schale dick, glatt, lederartig, selten berostet.
Fruchtfleisch feinzellig. In guten Lagen und bei guter Jahreswitterung sehr saftig, schmelzend, wohlschmeckend. Sonst fade und nur als Kochbirne verwertbar.

Reife Ab Mitte Oktober. Einige Früchte werden unerklärbar am Stielansatz schwarz und fallen vorzeitig ab. Trotzdem ist eine späte Ernte vorteilhaft. Etwa 3 Monate (und länger) im kühlen Naturlager haltbar.

Baum Regelmäßige, breit pyramidale Krone mit schräg aufrechten Gerüstästen und etwas hängenden, dicht mit Fruchtholz besetzten Zweigen. Holz und Blätter sind mit einem typisch bleifarbenem Schimmer überzogen. Starker, auch im Vollertrag noch kräftiger Wuchs. Nicht frostfest im Holz.

Standort Anspruchsvoll. Eine warme Lage und leichter, nährstoffreicher, im Untergrund auch kiesiger Boden werden bevorzugt. Auf schweren und nassen Böden ist der Schorfbefall sehr hoch und die Früchte werden rissig und fade im Geschmack.

Anfälligkeit Stark für Feuerbrand, auf schlechten Standorten Schorf und Birnenverfall. Häufig Birnengallmücke.

Blüte Mittelfrüh, lange anhaltend, witterungsempfindlich. Guter Pollenspender. Nach dem Junifall lohnt sich bei starkem Fruchtansatz das Ausdünnen.

Ertrag Meist nur mittelhoch, aber regelmäßig. Bei reichem Behang bleiben die Früchte mittelgroß.

Anbauwert Nur in warmen Lagen auch für Formobst lohnend.

Standort der Sichtungsbäume: *Deutsche Genbank Obst Dresden-Pillnitz, Landwirtschaftliche Lehranstalten Triesdorf.*

Harrow Delight

Frühsorte

Entstehung Um 1980. 'Williams Christ' x Resistenzträger 'Purdue 80–51' in der Versuchsstation Harrow Ontario/Kanada.

Frucht Mittelgroß, seltener groß, ungleichhälftig birnförmig mit schief aufsitzendem Stiel. Flache, weite und gebuchtete Kelchgrube. Schale dünn, nicht druckfest. Gelbgrün mit vielen Rostpunkten, besonders in Kelchnähe. Fruchtfleisch in Warmlagen fast weiß, feinzellig. Sehr saftig, schmelzend, süß aromatisch.

Reife Ab Anfang August, 2 Wochen vor 'Williams Christ'. Nicht windfest, deshalb vor der Baumreife durchzupflücken. Hartreif ernten für die Kühllagerung. 2 Wochen im Naturlager haltbar, danach rasch teigig werdend.

Baum Anfangs aufrechtes, wenig verzweigtes Wuchsbild, später mit sparrigen, teilweise schleudernden Ästen und kurzem Fruchtholz. Zunächst mittelstarkes Wachstum, im Vollertrag schwach.
Der Schnitt zielt v. a. auf die Trieberneuerung, um eine mögliche Erschöpfung zu vermeiden.

Standort Beste Fruchtqualität wird in Warmlagen auf nährstoffreichen Böden erzielt. Bei Abweichungen werden die Früchte etwas fader, teilweise auch mit Steinzellen.

Anfälligkeit Hoch tolerant gegenüber dem Feuerbrand, deshalb auch in gefährdeten Lagen anbaufähig. Gering schorfanfällig.

Blüte Mittelfrüh, etwas witterungsempfindlich. Diploid, guter Pollenspender. Ausdünnung bei starkem Fruchtansatz wirkt sich günstig auf die Fruchtgröße aus.

Ertrag Früh einsetzend, mittelhoch und regelmäßig.

Anbauwert Eine feuerbrandresistente Frühsorte, der man gute Zukunftsaussichten gibt.

Standort der Sichtungsbäume: *Hochschule Geisenheim, Deutsche Genbank Obst Dresden-Pillnitz, Bundessortenamt - Prüfstelle Wurzen, Kompetenzzentrum Obstbau-Bodensee.*

Harrow Sweet

Herbstsorte

Entstehung 1975. Auslese aus der Kreuzung 'Williams Christbirne' x ('Old Home' x 'Early Sweet') in der Versuchsstation Harrow, Ontario/Kanada. Es besteht Sortenschutz.

Frucht Mittelgroß, bei starkem Behang auch klein. Schale glatt, trocken.
Fruchtfleisch fest, saftig, mit zunehmender Reife schmelzend. Süß aromatisch.

Reife Je nach Lage Anfang bis Mitte September. Windfest bis zur Baumreife.

Lager Bis Ende November im kühlen Naturlager.

Baum Schwacher bis mittelstarker Wuchs, nicht sehr verzweigt. Regelmäßiger Schnitt zur Erhaltung der Wuchskraft erforderlich. Im Erwerbsanbau Erziehung zur „schlanken Spindel".

Standort Geeignet sind alle birnenfähigen Lagen. Stark kalkhaltige Böden begünstigen die Chlorose, besonders auf Quittenunterlage. Versuchsanlagen empfehlen deshalb die Unterlage OHF 333.

Anfälligkeit Die Sorte ist feuerbrandfest. Schorf und Mehltau treten nur bei starkem Befallsdruck oder ungünstigem Standort auf. Gebietsweise kann es Probleme durch Birnblattsauger geben.

Blüte Mittelspät, auch am einjährigen Holz. Gute Befruchtersorte. Für eine gute Fruchtausbildung ist das Ausdünnen nach dem Junifall unbedingt erforderlich.

Ertrag Hoch und regelmäßig. Bei zu starkem Behang kleinfrüchtig. Der Vollertrag setzt meist schon nach dem 4. Standjahr ein.

Anbauwert Der größte Vorzug liegt in der Widerstandskraft gegen den Feuerbrand. Allerdings erfordert die Sorte einige Aufmerksamkeit (Schnitt und Ausdünnung).

Lieferanten Baumschulen der „Artevos"-Gruppe

Standort der Sichtungsbäume: *LWG Veitshöchheim, Hochschule Geisenheim, Deutsche Genbank Obst Dresden-Pillnitz, Landwirtschaftliche Lehranstalten Triesdorf, Bundessortenamt - Prüfstelle Wurzen, Reiserschnittgarten Baden-Württemberg.*

Herzogin Elsa

Herbstsorte

Entstehung 1879 vom Hofgärtner J. B. Müller auf Schloss Wilhelma bei Cannstatt aus Samen gewonnen. 1885 durch das Pomologische Institut Reutlingen eingeführt.

Frucht Mittelgroß, mit schöner Form. Schale dick, hart, lederartig, beim Verzehr störend. Bei kühler Jahreswitterung stärker berostet. In der Hartreife druckfest.
Fruchtfleisch halb schmelzend, saftig, typisch süß aromatisch. Auf mageren Böden fade.

Reife Folgernd ab Mitte September. Windfest bis zur Baumreife, dann schnell fallend. Deshalb sollte mindestens einmal durchgepflückt und hartreif geerntet werden. Etwa 4 Wochen kühl im Freien haltbar.

Baum Breit pyramidale, gut verzweigte Krone mit viel Quirlholz und langen, dünn gestielten Blättern. Mittelstarker, bei Vollertrag schwacher Wuchs. Im Holz frostfest. Jährlicher, aufmerksamer Schnitt zielt auf laufende Triebererneuerung, um vorzeitiges Vergreisen zu verhüten. Gelegentlich sollte verjüngt werden.

Standort Beste Fruchtqualität ist in warmen bis in geschützte Höhenlagen und auf nährstoffreichen Böden zu erwarten. Andernfalls bleiben die Früchte klein und fade.

Anfälligkeit Stark für Feuerbrand, jedoch schorftolerant. Laubschäden und Fruchtberostung bei Strahlungshitze und Trockenheit.

Blüte Früh, witterungsempfindlich. Guter Pollenspender. Fruchtausdünnung bald nach dem Junifall ist anzuraten, um eine Erschöpfung des Baumes zu verhüten.

Ertrag Mittelfrüh einsetzend, hoch und regelmäßig. Bei unterlassener Schnittpflege baldige Vergreisung.

Anbauwert Für Spalier- und Topfbäume gut geeignet. Störend ist die kurze Haltbarkeit.
Moderne, robuste Sorten (u. a. 'Condo' oder 'Harrow Sweet') sind interessanter.

Standort der Sichtungsbäume: *Hochschule Geisenheim, Deutsche Genbank Obst Dresden-Pillnitz, Landwirtschaftliche Lehranstalten Triesdorf, Bundessortenamt - Prüfstelle Wurzen, Reiserschnittgarten Baden-Württemberg.*

Herzogin von Angoulême

Spätsorte

Originalname 'Poire d'Esperonnais'

Entstehung Anfang des 19. Jh. in Esperonnais bei Châteauneuf (Frankreich) gefunden. 1820 vom Baumschulenbesitzer Audusson in Angers nach der Duchesse d'Angoulême benannt. 1874 vom Deutschen Pomologenverein zum Anbau empfohlen.

Frucht Groß bis sehr groß, ungleichhälftig und mitunter beulig. Schale dick, glatt. Rostfiguren je nach Jahreswitterung.
Fruchtfleisch auf guten Standorten feinzellig, schmelzend, fein gewürzt und mit gutem Geschmack. Andernfalls grobzellig bis steinig und fade.

Reife Je nach Lage ab Mitte Oktober. Windfest bis kurz vor der Reife, dann schnell fallend, deshalb mehrfaches Durchpflücken erforderlich. Etwa 10 Wochen im kühlen Naturlager haltbar.

Baum Wegen der besonderen Wuchseigenschaft nur selten als Hochstamm angepflanzt. Der Busch zeigt schräg aufstrebende, gut verzweigte Gerüstäste mit kurzem Fruchtholz. Mitunter wächst eine Baumhälfte kräftiger als die andere. Infolge des späten Triebabschlusses sind Frostschäden nicht ungewöhnlich. Bei unterlassenem Rückschnitt verkahlen die unteren Astpartien.

Standort Nur wärmste Lagen und nährstoffreiche, leichte Böden sind Erfolg versprechend. Allenfalls ist ein Spalier an der warmen Südwand noch möglich.

Anfälligkeit Stark für Feuerbrand, mittelstark für Schorf.

Blüte Mittelfrüh, lange anhaltend. Sehr empfindlich gegen nasskaltes Blühwetter und Spätfröste.

Ertrag Gering bis mittelhoch, nur auf besten Standorten und guter Jahreswitterung hoch.

Anbauwert Delikatessfrüchte in warmen Weinbaulagen. Im Garten nur für erfahrene Anbauer.

Standort der Sichtungsbäume: *Landwirtschaftliche Lehranstalten Triesdorf.*

Hofratsbirne

Herbstsorte

Originalname 'Consellier de la Cour'

Entstehung Van Mons in Löwen (Belgien) zog die Sorte aus Samen und benannte sie nach seinem Sohn, einem Hofgerichtsrat in Brüssel. Vom Deutschen Pomologenverein 1874 zum Anbau empfohlen.

Frucht Meist groß, sehr unterschiedlich in der Form. Schale dick, glatt, mit rauen Schalenpunkten. Störend beim Verzehr. Nach kalter Jahreswitterung stärker berostet. Druckfest. Fruchtfleisch mittelfein bis körnig, saftig, halb schmelzend, schwach süß.

Reife Ab Ende September, windfest bis kurz vor der Baumreife. Es sollte hartreif geerntet werden, um die Fruchtqualität zu erhalten. Etwa 8 Wochen im kühlen Naturlager oder im Freien haltbar.

Baum Untere Kronenbereiche mit eher hängenden, obere mit steileren Ästen. Gut mit Seitenholz besetzt. Starker, bei Vollertrag auch noch mittelstarker Wuchs. Blüten und Früchte am langen Fruchtholz. Im Holz frostfest.

Standort Breit anbaufähig bis in Höhenlagen, sofern der Boden nährstoffreich und nicht zu schwer ist.

Anfälligkeit Mittelstark für Schorf. Es sind keine weiteren Krankheiten oder Schädlinge bekannt.

Blüte Früh, lange anhaltend, besonders in Hochlagen witterungsempfindlich. Schlechter Pollenspender (triploid). Eine Ausdünnung ist selten erforderlich.

Ertrag Auf Quitte ab dem 4.–5. Standjahr, mittelhoch bis hoch und regelmäßig. Auf ungünstigen Standorten gering.

Anbauwert Liebhabersorte für höhere Lagen. Die Sorte galt früher als gute Handelsfrucht.

Standort der Sichtungsbäume: *Deutsche Genbank Obst Dresden-Pillnitz, Landwirtschaftliche Lehranstalten Triesdorf.*

Hortensia

Herbstsorte

Entstehung Neuheit aus dem Institut für Obstforschung Dresden-Pillnitz. Seit 1996 im Handel.

Frucht Mittelgroß bis groß, etwas unterschiedliche Form. Schale fest, glatt.
Fruchtfleisch schmelzend, sehr saftig, mit einem angenehmen, mittleren bis kräftigen Aroma.

Reife Pflückreife Ende September. Fruchtfall bei Überreife. Genussreife bis Ende Oktober.

Baum Lockere, breit ausladende Krone mit dünnen Trieben. Mittelstarker bis starker Wuchs.

Standort Breit anbaufähig bis in mittlere Höhenlagen.

Anfälligkeit Feuerbrandanfällig. Schorf wurde bisher nicht festgestellt.

Blüte Reich und regelmäßig.

Ertrag Früh einsetzend, regelmäßig und hoch.

Anbauwert Eine Sorte für den Erwerbsanbau, im Hausgarten und auch als Streuobst.
Pflanzenbezug bei den Mitgliedern der „Artevos"-Gruppe.

Standort der Sichtungsbäume: *LWG Veitshöchheim, Hochschule Geisenheim, Deutsche Genbank Obst Dresden-Pillnitz, Bundessortenamt - Prüfstelle Wurzen.*

Illinois

Frühsorte

Entstehung Neuheit aus den USA. Nummernsorte x 'Maxine'. Die Sorte wurde von der Versuchsstation Angers (Frankreich) aus verbreitet.

Frucht Mittelgroß, unterschiedlich in der Form.
Schale dünn, glatt.
Fruchtfleisch in warmen Lagen schmelzend, saftig und angenehm aromatisch.

Reife Folgernd ab Mitte August. Mehrfaches Durchpflücken ist erforderlich.

Baum Mittelstarker bis starker Wuchs, mit Quitte verträglich.

Standort Vorzugsweise für das Weinbauklima und nährstoffreiche Böden.

Anfälligkeit Hohe Toleranz gegen Feuerbrand, Schorf und Mehltau.

Blüte Mittelspät, nicht empfindlich.

Ertrag Jährlich wechselnd zwischen hohen und geringeren Erträgen.

Anbauwert Vor allem eine Sorte für den Erwerbsanbau in warmen Lagen.

Standort der Sichtungsbäume: *Hochschule Geisenheim, Pomona Franconica Merkendorf.*

Isolda

Frühsorte

Entstehung Eine neue Sorte aus Dresden-Pillnitz, entstand durch eine Kreuzung von 'Jules Guyot' x 'Bunte Julibirne'.

Frucht Mittelgroß, bis groß (bis 200 g). Langachsig, glockenförmig, bei Vollreife leuchtend gelb. In günstigen Jahren sehr attraktiv zinnoberrot überhaucht.
Fruchtfleisch schmelzend, saftig mit angenehmen, mittlerem Aroma und süßsäuerlichem Geschmack.

Reife Ab Anfang/Mitte August. Haltbar im Kühllager bis September.

Baum Wuchs ist mittel, locker, dünntriebig, breit pyramidal Geringer Schnittaufwand.

Standort Auf ungeeigneten Birnenstandorten leidet die Fruchtqualität.

Anfälligkeit Empfindlich für Feuerbrand, bisher kein Schorf.

Blüte Reich und regelmäßig. Diploid. Befruchter: 'Anjou', 'Clapp's Liebling', 'Williams', 'Conference', 'Tongern'.

Ertrag Setzt früh ein. Mittel bis hoch (auf Quitte und Sämling). Zu hohe Erträge führen zu Alternanz.

Anbauwert Eine ertragreiche Sommerbirne, die in vielen Eigenschaften eine Verbesserung vorhandener Frühsorten darstellt.

Jeanne d'Arc

Spätsorte

Entstehung 1885 in der Baumschule Arsène Sannier, Rouen (Frankreich).

Frucht Mittelgroß, auch groß bis sehr groß, ungleichhälftig. Schale fest, glatt, trocken. Fruchtfleisch in warmen Lagen schmelzend, sehr saftig, edel aromatisch. Sonst etwas körnig und fade.

Reife Ab Mitte Oktober, bis zur Baumreife windfest. Für die Ausbildung einer guten Qualität ist so spät wie möglich zu ernten. Etwa 8 Wochen haltbar.

Baum Hohe, typisch steile und gering verzweigte Krone. Seitenholz gut mit Fruchtholz besetzt. Der Schnitt zielt auf bessere Verzweigung, breitere Krone und Erhaltung des Triebwachstums. Eine gelegentliche Verjüngung ist zu empfehlen. Etwas frostempfindlich im Holz.

Standort Anbaufähig bis in geschützte, mittlere Höhenlagen auf nährstoffreichen Böden. Besser ist ein Standort im Weinbauklima. Kalte, schwere Böden sind zu meiden.

Anfälligkeit Schorf in geschlossenen Lagen.

Blüte Spät, lange anhaltend und nicht witterungsempfindlich. Guter Pollenspender. Durch eine Ausdünnung nach der Blüte lässt sich die Fruchtqualität steigern.

Ertrag Auf Quitte ab dem 4., auf Sämling ab dem 6. Standjahr, dann mittelhoch und regelmäßig.

Anbauwert Für dichte Pflanzabstände in warmen Lagen. Für Spaliere an der warmen Südwand und als Topfbäume gut geeignet. Fachkundiger Schnitt ist erforderlich.

Standort der Sichtungsbäume: *Hochschule Geisenheim, Deutsche Genbank Obst Dresden-Pillnitz, Landwirtschaftliche Lehranstalten Triesdorf, Bundessortenamt - Prüfstelle Wurzen.*

Josefine von Mecheln

Spätsorte

Entstehung Gezogen von Major d'Esperen in Mecheln (Belgien). Trug 1830 die ersten Früchte. 1874 vom Deutschen Pomologenverein zum Anbau empfohlen.

Frucht Klein bis mittelgroß, ungleichhälftig. Schale glatt, etwas hart und leicht bitter im Geschmack. Druckfest. Fruchtfleisch um das Kernhaus lachsfarben, schmelzend, saftig, süß, wohlschmeckend. Die Fruchtfleischfarbe ist ein Maßstab für günstigen Standort.

Reife Ab Mitte Oktober, sturmfest. Die Früchte hängen oft noch nach dem Laubfall. Es ist so spät wie möglich zu ernten, denn zu früh geerntete Früchte welken auf dem Lager. 3 bis 4 Monate haltbar.

Baum Aufrechte, dichte bis gestrüppartig verzweigte Krone mit dünnen, hängenden Trieben. Zuerst mittelstarker, im Vollertrag ausgesprochen schwacher Wuchs.
Der Schnitt zielt auf kräftige Neutriebe und eine lichtere Krone, um vorzeitige Vergreisung und zu hohe Fruchtbarkeit zu verhüten. Gelegentlich ist eine Verjüngung erforderlich. Im Holz frostfest.

Standort Auch in mittleren Höhenlagen noch eine ausreichende Qualität, auf trockenen Böden aber viel Ausfall.

Anfälligkeit Mittelstark für Feuerbrand und Blattschorf, sonst robust. Empfindlich gegen Kupfer- und Schwefelmittel.

Blüte Mittelfrüh, lange anhaltend, etwas witterungsempfindlich. Guter Pollenspender. Eine energische Ausdünnung nach der Blüte vereinzelt die traubig hängenden Fruchtstände und ergibt größere Früchte.

Ertrag Mittelfrüh einsetzend. Dann jährlicher Wechsel zwischen höheren und geringeren Erträgen, die aber nie sehr hoch sind.

Anbauwert Klein, aber fein. Eine Sorte für den Garten, auch als Topfbaum geeignet. Wegen der langen Fruchtruten nicht für Spaliere.

Standort der Sichtungsbäume: *AHNU Bad Schönborn, Hochschule Geisenheim, Deutsche Genbank Obst Dresden-Pillnitz, Landwirtschaftliche Lehranstalten Triesdorf.*

Kieffer

Herbstsorte

Erster Name 'Kieffer's Seedling'

Entstehung Ungewiss. Vermutlich eine Auslese des Baumschulenbesitzers Kieffer in den USA um 1850. War dort stark verbreitet und als Konservenfrucht beliebt.

Frucht Sehr ungleichmäßige Form, kurz, mittelbauchig. Weite, flache Kelchgrube mit offenem Kelch. Aufsitzender, mittellanger Stiel.
Schale dick, weich, nicht druckfest. Gelbgrün, sonnenseits etwas braunrot mit zahlreichen Schalenpunkten. Duftend.
Fruchtfleisch gelblich, feinzellig, um die Kelchhöhle grießig. Saftig, schmelzend, süßsäuerlich mit guter Würze.

Reife Ende September, haltbar bis November im kühlen Naturlager. Windfest bis zur Reife.

Baum Verhältnismäßig große, kompakte Krone mit guter Verzweigung. Im Holz frostfest.

Standort Sehr anpassungsfähig an Boden und Klima.

Anfälligkeit Soll gegen Feuerbrand widerstandsfähig sein. Mäßig Schorf in windgeschützten Warmlagen.

Ertrag Jährlicher Wechsel zwischen hohen und sehr niedrigen Erträgen.

Anbauwert Liebhabersorte. Aber nur noch gelegentlich in Extensivanlagen zu finden.

Standort der Sichtungsbäume: *Landwirtschaftliche Lehranstalten Triesdorf, Pomona Franconica Merkendorf.*

Köstliche von Charneu

Herbstsorte

Originalname
Wahrscheinlich 'Beurré Légipont'

Weitere Namen
'Bürgermeisterbirne' (Norddeutschland), 'Fondante de Charneu' in Frankreich.

Bemerkung
Die Sorte zählte, neben 'Bosc's Flaschenbirne' und 'Williams Christbirne' zu den drei „Reichsobstsorten", die 1922 durch die Deutsche Obstbaugesellschaft als wirtschaftlich wichtig eingestuft wurden.

Entstehung
Um 1800 von Martin Légipont in Charneux bei Lüttich (Belgien) gefunden. 1857 vom Deutschen Pomologenverein zum Anbau empfohlen.

Frucht
Sehr unterschiedlich in Größe und Form, meist mittelgroß, ungleichhälftig. Schale fein, glatt.
Fruchtfleisch je nach Standort mehr oder weniger schmelzend. In warmen Lagen und nach guter Jahreswitterung sehr süß und saftig, mit Wohlgeschmack.

Reife
Ab Ende September, windfest. Volle Güte wird erzielt, wenn die Früchte vor der Reife geerntet werden und nachreifen können. Etwa 6 Wochen haltbar.

Baum
Mittelgroße, hoch strebende, schmale und wenig verzweigte Krone mit hängenden Ästen und kurzem Fruchtholz. Schiffartige Blätter mit dünnen, langen Stielen. Zahlreiche Wasserschosse am alten Holz. Frostempfindlich im Holz. Anfangs starker Wuchs, bei Vollertrag deutlich schwächer.
Das Schnittziel ist die bessere Verzweigung der unteren Bereiche und Höhenbegrenzung.

Standort
Für beste Fruchtqualität sind warme Lagen mit nährstoffreichen Böden erforderlich, möglich sind aber auch windgeschützte höhere Lagen.

Anfälligkeit
Sehr stark für Feuerbrand. Stark für Schorf. Empfindlich gegen Kupfer- u. Schwefelmittel. Laubschäden und starke Fruchtberostung bei Strahlungshitze und Trockenheit.

Blüte
Mittelfrüh, witterungsempfindlich. Guter Pollenspender. Eine Ausdünnung nach der Blüte ist meist erforderlich.

Ertrag
Setzt spät ein, ist dann aber hoch und regelmäßig.

Anbauwert
Für Freizeitgärtner wegen der hohen Ansprüche eine der „Prüfsorten". Im Allgemeinen für den Garten verzichtbar.

Standort der Sichtungsbäume: *LWG Veitshöchheim, Hochschule Geisenheim, Deutsche Genbank Obst Dresden-Pillnitz, Landwirtschaftliche Lehranstalten Triesdorf, Bundessortenamt - Prüfstelle Wurzen.*

Lebrun

Herbstsorte

Voller Name 'Beurré Lebrun'

Entstehung Ungewiss, Mitte des 19. Jh. in Frankreich.

Frucht Groß bis sehr groß. In der Form ähnlich einer großen 'Triumph von Vienne'. Schale dünn, fein und glatt.
Fruchtfleisch auf warmen Standorten schmelzend, sehr saftig, gut gewürzt.

Reife Ab Ende September, nicht windfest wegen der schweren Früchte. Deshalb ist mindestens einmal durchzupflücken. Etwa 3 Wochen haltbar.

Baum Wegen des starken Fruchtfalles selten als Hochstamm gepflanzt. Buschbäume mit schräg aufstrebenden, gut verzweigten Gerüstästen. Anfangs starker, später mittelstarker Wuchs.

Standort Breit anbaufähig bis in geschützte, mittlere Höhenlagen auf nährstoffreichen Böden. Auf trockenen oder schweren Böden tritt Qualitätsverlust ein.

Anfälligkeit Es sind keine besonderen Krankheiten oder Schädlinge bekannt.

Blüte Mittelfrüh, kurz anhaltend, wenig witterungsempfindlich. Guter Pollenspender. Ausdünnen ist selten erforderlich.

Ertrag Spät einsetzend, dann allmählich ansteigender, im Alter hoher und regelmäßiger Ertrag.

Anbauwert Liebhabersorte. Störend ist die kurze Haltbarkeit.

Standort der Sichtungsbäume: *Hochschule Geisenheim, Deutsche Genbank Obst Dresden-Pillnitz, Landwirtschaftliche Lehranstalten Triesdorf, Bundessortenamt - Prüfstelle Wurzen.*

Le Lectier

Spätsorte

Entstehung Um 1882, entstanden aus 'Williams Christbirne' x 'Bergamotte Fortunée'. Der Züchter LESUEUR benannte sie nach einem Pomologen des 17. Jh. Ab 1888 in Orleans verbreitet.

Frucht Groß bis sehr groß, mit typischen, vom Kelch ausgehenden, strahligen Kanten. Schale dünn, fest, glatt. Bei Vollreife sehr druckempfindlich. Fruchtfleisch im Weinbauklima schmelzend, saftig, mit angenehmem Geschmack. Sonst herb, fade und etwas körnig.

Reife Je nach Lage ab Anfang Oktober. Nicht windfest. Deshalb ist mindestens einmal durchzupflücken. Früher wurden die Früchte am Baum vor der Reife in Seidenpapier gepackt, damit die Schale zart wurde.
Bis zum Frost im Freien lagerfähig, sonst etwa 10 Wochen im kühlen Naturlager. Dabei auf Fruchtfleischbräune kontrollieren.

Baum Hohe, steile Krone mit spitzen Astwinkeln, gut verzweigt. Bei Vollertrag mit hängenden Seitenzweigen. Anfangs starker Wuchs, bei Vollertrag schwächer.

Standort Wegen des vorzeitigen Fruchtfalls windgeschützt, am besten in Weinbaulagen anzubauen. Auf trockenen Böden bleiben die Früchte klein und geschmacklos.

Anfälligkeit Gering für Schorf. Empfindlich gegen Strahlungshitze.

Blüte Spät, lange anhaltend, witterungsempfindlich. Guter Pollenspender.

Ertrag Früh einsetzend, dann höchstens mittelhoch, aber regelmäßig.

Anbauwert Liebhabersorte für warmes Klima. Auf alten Bäumen bleiben die Früchte klein. Weniger für Spaliere oder Topfbäume geeignet. Gelegentlich noch als Wirtschaftsfrucht im Streuobstanbau zu finden.

Standort der Sichtungsbäume: *Hochschule Geisenheim, Landwirtschaftliche Lehranstalten Triesdorf, Bundessortenamt - Prüfstelle Wurzen.*

Liegels Winter-Butterbirne

Spätsorte

Entstehung Wahrscheinliche um Mitte des 17. Jh. im Dorf Kopertsch (Böhmen) als 'Kopertsche Fürstliche Tafelbirne' entstanden. Sie wurde 1777 zu Ehren des Apothekers und Pomologen DR. LIEGEL endgültig benannt.

Frucht Mittelgroß, schwach kantig. Schale dünn, glatt, etwas störend beim Verzehr. Druckempfindlich.
Fruchtfleisch unter der Schale grünlich, weich bis mittelfest, saftig, süß, angenehm gewürzt. Wohlgeschmack schon vor der Baumreife.

Reife Je nach Standort ab Mitte September baumreif, sofort fallend. Deshalb ist mehrmals durchzupflücken.
Im Freilager bis Frostbeginn, im kühlen Naturlager etwa 3 Monate ohne Welke haltbar.

Baum Breit pyramidale bis hochgewölbte und dichte Krone mit schräg aufrechten, gut verzweigten Leitästen. Auffällig die rötlichen, weidenartigen Blätter beim Austrieb. Edelreiser werden bei Veredelungen nur schlecht angenommen. Der Baum kann sehr alt werden.

Standort Für das Gedeihen sind warme Lagen mit hoher Luftfeuchtigkeit günstig. Gleichzeitig ist gerade dort die Schorfgefährdung dann aber am höchsten. Sonst breit anbaufähig bis in mittlere Höhenlagen. Ohne besondere Bodenansprüche.

Anfälligkeit Stark für Feuerbrand. Sehr stark für Schorf an Blättern, Früchten und als „Zweiggrind" an Trieben. Anfällig für Birnengitterrost. Empfindlich gegen Kupfer- und Schwefelmittel sowie gegen Strahlungshitze.

Blüte Früh, lang anhaltend und wenig witterungsempfindlich. Guter Pollenspender.

Ertrag Auf Sämling ab dem 5./6., auf Quitte ab dem 4. Standjahr tragend. Ernten dann hoch und regelmäßig.

Anbauwert Früher eine gefragte Marktsorte. Heute höchstens noch für Liebhaber interessant.

Standort der Sichtungsbäume: *Landwirtschaftliche Lehranstalten Triesdorf, Pomona Franconica Merkendorf.*

Lübecker Prinzenbirne

Frühsorte

Doppelname 'Rising Summer'

Entstehung Unbekannt. Die Sorte soll schon älter sein, ist aber erst seit 1911 im Handel.

Frucht Mittelgroß, lang gestreckt. Schale dünn, zart und glatt.
Fruchtfleisch in wärmeren Lagen feinkörnig, schmelzend, sehr saftig und süß.

Reife Ab Ende Juli, nicht windfest. Mehrmaliges Durchpflücken ist angebracht. Vom Baum essbar, es ist jedoch schon einige Tage vor der Baumreife zu ernten. Etwa 8 Tage haltbar.

Baum Aufrechtes, harmonisches und gut verzweigtes Wuchsbild. Anfangs stärkerer, bei Vollertrag schwacher Wuchs. Schnitt sofort nach der Ernte zielt auf den Erhalt des Triebwachstums, um ein vorzeitiges Vergreisen zu verhüten. Gelegentliche Verjüngung ist angebracht.

Standort Für eine gute Fruchtqualität werden warme Standorte bevorzugt. Der Baum gedeiht aber auch noch in höheren Lagen.

Anfälligkeit Mittelstark für Feuerbrand, besonders in höheren Lagen kaum für Schorf.

Blüte Mittelfrüh, wenig witterungsempfindlich. Ein energisches Ausdünnen nach der Blüte fördert die Fruchtgröße und beugt einer Erschöpfung des Baumes vor.

Ertrag Früh einsetzend, hoch und regelmäßig.

Anbauwert Früher weit verbreitet, heute nur noch selten im Anbau. Gut geeignet für Spaliere und Topfbäume.

Standort der Sichtungsbäume: *AHNU Bad Schönborn.*

Madame Verté

Wintersorte

Doppelname 'Beurré (oder Besi) de Caen' (Frankreich)

Entstehung Um 1810 in der Baumschule Kevers in St. Josseten-Noode bei Brüssel. Es kann sich aber auch um eine Züchtung von VAN MONS handeln. Kam um 1840 nach Deutschland.

Frucht Klein bis mittelgroß. Schale dick, hart, rau und trocken. Meist ganzflächig, bei anhaltender Hitze stark und rau berostet. Der Rost hat einen sortentypischen Bleiglanz. Druckfest. Fruchtfleisch auf gutem Standort schmelzend, sehr saftig, sehr süß und wohlschmeckend. Nach schlechter Jahreswitterung grießig, fade und um das Kernhaus körnig.

Reife Je nach Standort Anfang bis Ende Oktober. Bis dahin wind- und sturmfest. Es ist so spät wie möglich zu ernten.
Haltbar etwa 10 Wochen im kühlen und ausreichend feuchten Naturlager. Eine laufende Kontrolle ist nötig, denn die Früchte werden innen teigig, was von außen nicht erkennbar ist.

Baum Mittelgroße, breit pyramidale, gut verzweigte Krone mit kurzem Fruchtholz. Innere Äste stehen meist steil aufrecht. Schwacher bis mittelstarker Wuchs. Der Schnitt zielt auf laufende Trieberneuerung. Eine gelegentliche Verjüngung soll vorzeitiges Vergreisen abwenden. Mit Quitte verträglich. Im Holz frostfest.

Standort Beste Fruchtqualität in warmen Lagen und auf eher leichten, aber nährstoffreichen Böden. Anbaufähig bis in geschützte, mittlere Höhenlagen. Je wärmer der Herbst, desto besser ist die Fruchtqualität.

Anfälligkeit Wenig anfällig für Feuerbrand und Virosen. Wegen des derben Laubes auch kaum schorfanfällig.

Blüte Spät, lange anhaltend, wenig witterungsempfindlich. Guter Pollenspender. Ein energisches Ausdünnen bald nach der Blüte fördert die Fruchtgröße und beugt einer Erschöpfung des Baumes vor.

Ertrag Auch auf Quitte erst ab dem 4. Standjahr einsetzend, dann, abhängig von Standort und Pflege, mittelhoch bis sehr hoch und regelmäßig.

Anbauwert Auch auf kühlerem Standort eine der besten Wintersorten für den Garten, eine gute Pflege vorausgesetzt. Auch für Spalierformen und Topfbäume sehr gut geeignet.
Im Streuobstanbau verbreitet, wenn auch die Früchte auf Hochstämmen kleiner bleiben. Gute Tafel- und Wirtschaftssorte. Die Marmelade färbt sich ansprechend rötlich.

Standort der Sichtungsbäume: *Hochschule Geisenheim, Landwirtschaftliche Lehranstalten Triesdorf, Pomona Franconica Merkendorf.*

Minister Dr. Lucius

Herbstsorte

Entstehung Ungewiss. Soll in Gruhna bei Leipzig entstanden sein, wurde aber erst 1884 von der Baumschule Späth in Berlin benannt und vermehrt. Benannt nach dem damaligen Minister für Landwirtschaft.

Frucht Unterschiedliche Fruchtform, meist so breit wie lang, ähnlich der 'Doppelten Philippsbirne'. Schale hart, glatt, mit angenehmem Duft. Vollreif druckempfindlich. Fruchtfleisch halb schmelzend, etwas grob. In Kernhausnähe oft Steinzellen. Saftig, wenig süß, geringes Aroma.

Reife Ab Anfang September. Kurz vor der Baumreife stark fallend. Deshalb ist mehrmals durchzupflücken. Nur kurz im Freilager haltbar. Wird dann bald mürbe.

Baum Große, hochkugelige, stark verzweigte Krone mit schräg aufrechten Gerüstästen. Gut mit Fruchtholz besetzt. Der Schnitt zielt auf das Auslichten der Krone und gelegentliche Verjüngung. Im Holz frostfest.

Standort Im Allgemeinen anspruchslos, bis in mittlere Höhenlagen anbaufähig. Auf kalten oder auch armen Böden erhöht sich der Anteil an Steinzellen.

Anfälligkeit In geschlossenen Lagen stark für Schorf.

Blüte Mittelspät, lange anhaltend und nicht witterungsempfindlich. Triploid, und daher ein schlechter Pollenspender. Fruchtausdünnung nach dem Junifall wird stets erforderlich sein, um eine Erschöpfung des Baumes zu verhüten.

Ertrag Früh einsetzend, hoch bis sehr hoch und regelmäßig.

Anbauwert Gleichzeitige Reife mit vielen anderen, wertvolleren Sorten. Deshalb im Garten verzichtbar.

Standort der Sichtungsbäume: *Landwirtschaftliche Lehranstalten Triesdorf, Pomona Franconica Merkendorf, Rhöner Apfelinitiative.*

Mollebusch

Spätsorte

Name Bei dieser verbreiteten Sorte handelt es sich vermutlich um die alte Sorte 'Wildling von Motte' (Original: 'Besi de la Motte').

Entstehung Soll schon 1628 in Frankreich bekannt gewesen sein. Heute noch im Rhein-Main-Gebiet, an der Bergstraße und in Franken verbreitet.

Frucht Mittelgroß, selten groß, bergamotteförmig. Schale dick, hart, störend beim Verzehr. Fruchtfleisch fest, nur in warmen Lagen feinkörnig, saftig, halb schmelzend. Sonst hart, grießig, ohne Aroma.

Reife Ab Anfang Oktober, sturmfest. Früchte hängen bis nach dem Laubfall. Etwa 4 Monate haltbar.

Baum Hochrunde Krone mit schräg aufrechten, stark verzweigten Ästen. Anfangs kräftiger, im Vollertrag schwacher Wuchs. Auf Quitte bald vergreisend. Der Baum kann sehr alt werden. Im Holz frostempfindlich.

Standort Bis in mittlere Höhenlagen anbaufähig. Hier sind aber nur noch Wirtschaftsbirnen zu erwarten.

Anfälligkeit Sehr stark für Feuerbrand, stark für Schorf.

Blüte Spät, wenig witterungsempfindlich. Guter Pollenspender.

Ertrag Spät einsetzend, auf Sämling ab dem 7. bis 9. Standjahr. Jährlicher Wechsel zwischen hohen Erträgen und völligem Ausfall (ausgeprägte Alternanz).

Anbauwert Üblicherweise im Streuobstanbau.

Standort der Sichtungsbäume: *AHNU Bad Schönborn, Hochschule Weihenstephan-Triesdorf, Landwirtschaftliche Lehranstalten Triesdorf.*

Moonglow

Frühsorte

Entstehung 1960 in der Versuchsstation Bellsville, Maryland (USA)

Frucht Groß, attraktive Form und Farbe. Schale glatt, trocken.
Fruchtfleisch in warmen Lagen schmelzend. Milder, fein säuerlicher und sehr guter Geschmack.

Reife Folgernd ab Ende August, nicht windfest. Deshalb ist mehrfaches Durchpflücken erforderlich. Etwa 10 Tage haltbar, wird dann schnell teigig.

Baum Hoch pyramidales Wuchsbild mit geringer Verzweigung. Anfangs starker Wuchs, im Vollertrag schwach. Im Holz etwas frostempfindlich. Der Schnitt sofort nach der Ernte zielt auf bessere Verzweigung und den Erhalt der Wuchskraft.

Standort Bevorzugt für warme, geschützte Lagen. Auf kalkreichen Böden tritt Chlorose auf.

Anfälligkeit Widerstandsfähig gegen den Feuerbrand. In geschützten Tallagen ist Schorfbefall möglich.

Blüte Mittelfrüh, etwas witterungsempfindlich.
Nach der Blüte ist ein energisches Ausdünnen anzuraten, um eine Erschöpfung des Baumes zu vermeiden.

Ertrag Früh einsetzend, hoch und regelmäßig.

Anbauwert Frühsorte für warme Lagen und nährstoffreiche Böden. Geeignet für Spalier und als Topfbaum.

Standort der Sichtungsbäume: *Hochschule Geisenheim, Landwirtschaftliche Lehranstalten Triesdorf, Bundessortenamt - Prüfstelle Wurzen.*

Muskatellerbirne

Frühsorte

Bemerkung Außer der beschriebenen Sorte gibt es noch einige andere, darunter eine 'Späte Muskateller' im norddeutschen Raum.

Entstehung Unbekannt. Eine alte Sorte aus Thüringen oder Sachsen. Sickler beschrieb sie 1798.

Frucht Von alten Bäumen klein, sonst mittelgroß. Schale hart, glatt, manchmal etwas rau. Wohlriechend.
Fruchtfleisch vor der Vollreife halb schmelzend, saftig und mit ausgeprägtem Muskatgeschmack.

Reife Je nach Standort folgernd ab Mitte August. Mehrmaliges Durchpflücken schon vor der Baumreife ist erforderlich, etwa 10 Tage haltbar ohne zu schrumpfen. Danach werden die Früchte schnell teigig.

Baum In der Jugend hochpyramidale Krone mit kräftigen, aufrechten Ästen. Auffallend mit kurzem Fruchtholz besetzt. Im Alter wird die Krone mit nachlassender Wuchskraft breiter. Im Holz frostfest.

Standort Anspruchslos an Boden und Klima. Ohne Qualitätsverlust bis in höhere Lagen anbaufähig. Auf nährstoffreichen Böden und in warmen Lagen ist der Ertrag jedoch regelmäßiger.

Anfälligkeit Keine besonderen Krankheiten oder Schädlinge bekannt.

Blüte Früh, nicht witterungsempfindlich. Eine energische Ausdünnung nach der Blüte wirkt ertragsregulierend und fördert die Fruchtgröße.

Ertrag Meist alternierend, jedes 2. Jahr hoch bis sehr hoch.

Anbauwert Hauptsächlich im Streuobstanbau, Frühsorte für Liebhaber. Vielseitig verwertbare Früchte, doch stört die kurze Haltbarkeit.

Standort der Sichtungsbäume: *Landwirtschaftliche Lehranstalten Triesdorf, Pomona Franconica Merkendorf.*

Neue Poiteau

Spätsorte

Entstehung Von Simon Bouvier in Jodoigne (Belgien) aus Samen gezogen. Trug 1833 die ersten Früchte und wurde nach Poiteau benannt, Direktor der Königlichen Gärten in Paris. 1863 vom Deutschen Pomologenverein zum Anbau empfohlen.

Frucht Unterschiedlich, meist groß, mitunter auch sehr groß, ungleichhälftig. Schale dünn, aber zäh und druckfest.
Fruchtfleisch unter der Schale grünlich, saftig, süß, mit unterschiedlichem Geschmack. In kühleren Lagen oft schmackhafter als in warmen.

Reife Ab Anfang Oktober, vollkommen windfest. Infolge der dauerhaft grünen Schale ist der Reifegrad nur schwer erkennbar. Haltbar im Freilager etwa 5 Wochen, bis die Schale, trotz noch grüner Farbe, am Stiel zu schrumpfen beginnt.

Baum Steil aufrechte und hohe, gut verzweigte Krone mit kräftigen, oft schleudernden Trieben. Auffallend dicke Knospen und rundliche Blätter. Anfangs sehr starker, steiler Wuchs, im Vollertrag deutlich schwächer.

Standort Auf guten Böden bis in Gebirgslagen anbaufähig. In den meisten Lagen allerdings bleibt der Geschmack ausdruckslos.

Anfälligkeit Mittelstark für Feuerbrand. Örtlich stark für Blatt-, Frucht- und Rindenschorf, auch Birnengitterrost.

Blüte Mittelfrüh, lange anhaltend, nicht witterungsempfindlich. Bei dem regelmäßig starken Fruchtansatz ist ein Ausdünnen stets angebracht.

Ertrag Mittelfrüh einsetzend, regelmäßiger Massenträger.

Anbauwert Reizlose Fruchtfarbe und äußerlich nicht erkennbare Lagerfäule mindern den Wert. Nicht empfehlenswert für den Garten.

Standort der Sichtungsbäume: *Hochschule Geisenheim, Landwirtschaftliche Lehranstalten Triesdorf, Bundessortenamt - Prüfstelle Wurzen, Rhöner Apfelinitiative.*

Nojabrskaja

Spätsorte

Deutscher Name 'Novemberbirne'

Entstehung 'Triumph von Vienne' × 'Decana N. Krier', Moldawien. Kein Sortenschutz.

Frucht Groß, lang, mittel- bis kelchbauchig, meist ungleichhälftig. Flache, berostete Kelchgrube mit etwas offenem Kelch. Der Stiel ist schief aufsitzend. Schale dünn, nicht druckfest. Bei Reife gelbgrün ohne Deckfarbe. Fruchtfleisch von warmen Standorten ist feinzellig, saftig, süß aromatisch, halb schmelzend.

Reife Mitte Oktober. Wegen besserer Aromabildung nicht vorzeitig ernten. Haltbar bis November/ Dezember, im Kühllager bis Februar.

Baum Pyramidales, gut verzweigtes Wuchsbild mit etwas hängenden Zweigen. Anfangs mittelstarkes Wachstum, mit Beginn des Vollertrages deutlich schwächer. Der Schnitt zielt auf die Erhaltung gleichmäßiger Wuchskraft.

Standort Beste Fruchtqualität ist in Warmlagen auf nährstoffreichen Böden zu erwarten.

Anfälligkeit Der Feuerbrandstatus ist unbekannt, doch ist die Vatersorte ('Triumph') stark anfällig, ebenso für Bakterienbrand. Kaum Schorf.

Blüte Früh, etwas witterungsempfindlich. Eine Ausdünnung nach der Blüte ist erforderlich, um frühzeitige Vergreisung zu verhüten.

Ertrag Früh einsetzend, hoch und regelmäßig.

Anbauwert Interessant für den Erwerbsanbau und auch für den Hausgarten wegen des guten Ertrags- und Lagerverhaltens.

Standort der Sichtungsbäume: *Deutsche Genbank Obst Dresden-Pillnitz, Bundessortenamt - Prüfstelle Wurzen, LVA Quedlinburg, Kompetenzzentrum Obstbau-Bodensee.*

Nordhäuser Winterforelle

Spätsorte

Bemerkung Die Sorte ist zu unterscheiden von der früher reifenden 'Forellenbirne'.
Sie ist möglicherweise die Muttersorte der 'Nordhäuser Winterforelle'.

Entstehung Ungewiss. Der Baumschulbesitzer C. von der Foehr (Nordhausen) stellte sie 1879 erstmals mit dem Hinweis vor, dass die Sorte schon älter sei.

Frucht Mittelgroß bis groß, oft mit Längsrinne. Schale dünn, aber fest, mit schöner Farbe.
Fruchtfleisch auf guten Standorten und bei voller Reife halb schmelzend, süß, saftig und wohlschmeckend.

Reife Ab Anfang Oktober, oft mit plötzlichem Fruchtfall vor der Baumreife, besonders bei Feuchtigkeit. Deshalb sollte der Reifeverlauf genau beobachtet werden.
Etwa 4 Monate im kühlen Naturlager haltbar.

Baum Hohe, meist steil pyramidale und sparrige, mäßig verzweigte Krone mit unterschiedlichen Aststellungen, nach außen hängenden Trieben. Anfangs starker, im Vollertrag noch mittelstarker Wuchs.
Späte Ausreife der Jahrestriebe, deshalb im Holz nicht ganz frostfest.

Standort Warme Lagen mit hoher Luftfeuchtigkeit und leichteren Böden werden bevorzugt.

Anfälligkeit Hoch anfällig für Feuerbrand. Besonders auf schweren, nassen Böden örtlich stark für Schorf und Birnenverfall. Vor allem in der Jugendphase und in Süddeutschland frostempfindlich.

Blüte Mittelspät, wenig witterungsempfindlich. Guter Pollenspender.

Ertrag Auf Quitte früh einsetzend, mittelhoch, regelmäßig.

Anbauwert Keine Sorte für Süddeutschland. Störend ist der frühe, oft plötzliche Fruchtfall.

Standort der Sichtungsbäume: *Hochschule Geisenheim, Deutsche Genbank Obst Dresden-Pillnitz, Landwirtschaftliche Lehranstalten Triesdorf, Bundessortenamt - Prüfstelle Wurzen, Reiserschnittgarten Baden-Württemberg.*

Obelisk

Spätsorte

Frucht Groß, rundlich-eiförmig, grüngelb. Fruchtfleisch saftig, weiß. Feines, süßes Aroma.

Reife Oktober. Als Tafelobst und für die Verwertung. Haltbar bis Januar.

Baum Schlank, säulenförmig wachsender Baum, keine Seitentriebe. Bis 3,50 m hoch.

Standort Völlig anspruchslos an Boden und Klima. Wird in Kärnten noch in 800 m Höhe angetroffen.

Blüte Mittelfrüh, Befruchter sind alle gebräuchlichen Birnensorten.

Ertrag Früh einsetzend und regelmäßig.

Anbauwert Gute Winterbirne. Durch den schmalen Wuchs geeignet für kleine Gärten und auch als Topfkultur als Naschobst auf Balkon und Terrasse.

Oberösterreichische Weinbirne

Spätsorte

Doppelname 'Kärntner Speckbirne'

Entstehung Zufallssämlig aus einigen örtlichen Mostsorten in Oberösterreich.

Frucht Klein bis mittelgroß. Unterschiedliche Form, meist kreiselförmig. Schale dünn, aber fest, glatt, trocken.
Fruchtfleisch unter der Schale grünlich. Sehr saftig, mit hohem Zuckergehalt, aber auch sehr herb.

Reife Ab Mitte Oktober, windfest. Es ist so spät wie möglich zu ernten. Verarbeitung ab November, wenn die Schale gelb ist.

Baum Große, hochkugelige Krone mit dünnen, gut verzweigten Trieben. Guter Stamm- und Gerüstbildner. Anfangs sehr starker, im Vollertrag noch mittelstarker Wuchs. Als Hofbaum in Hochlagen beliebt.

Standort Völlig anspruchslos an Boden und Klima. Wird in Kärnten noch in 800 m Höhe angetroffen.

Anfälligkeit In Warmlagen stark für Feuerbrand und Schorf. Auf kühleren Standorten sehr widerstandsfähig gegen Krankheiten und Schädlinge.

Blüte Mittelfrüh, schlechter Pollenspender (triploid).

Ertrag Spät einsetzend, hoch und nahezu regelmäßig.

Anbauwert Für den extensiven Streuobstbau in hohen Lagen.

Standort der Sichtungsbäume: *LWG Veitshöchheim, Hochschule Weihenstephan-Triesdorf, Hochschule Geisenheim, Landwirtschaftliche Lehranstalten Triesdorf, Reiserschnittgarten Baden-Württemberg*

Olivier de Serres

Spätsorte

Entstehung 1847 aus Samen von 'Fortunée d'Angers' in Rouen, Frankreich.

Frucht Mittelgroß, in Weinbaulagen auch groß, bergamotteförmig. Schale dick, rau und derb, störend beim Verzehr. Druckfest. Fruchtfleisch feinzellig, um das Kernhaus grießig. In warmen Lagen schmelzend, sehr saftig, süß, mit feiner Würze und geschmackvoll.

Reife Ab Mitte Oktober. Die Früchte sind sturmfest, deshalb ist so spät wie möglich zu ernten. Welkeneigung bei zu früher Ernte und im trockenen Lager. Im kühlen Naturlager oder im (gelochten) Folienbeutel etwa 4 Monate haltbar.

Baum Breit pyramidales, ausreichend verzweigtes Wuchsbild mit schräg aufrechten Gerüstästen. Starke Seitentriebe mit kurzen Internodien. Anfangs mittelstarker, bei Vollertrag sehr schwacher Wuchs.
Laufender Überwachungsschnitt zielt v. a. auf den Erhalt der Triebkraft, gegen vorzeitiges Vergreisen. Im Holz frostempfindlich.

Standort Außerhalb von warmen Weinbaulagen mit leichteren, nährstoffreichen Böden ist ein Anbau nicht sinnvoll, allenfalls noch am südlichen Wandspalier.

Anfälligkeit Mittelstark für Feuerbrand und Schorf. Befall durch die Birnengallmücke kommt vor.

Blüte Mittelspät, lange anhaltend, witterungsempfindlich. Guter Pollenspender.

Ertrag Auf Quitte früh einsetzend, mittelhoch und regelmäßig. Auf Sämling unterschiedlich, meist zu gering.

Anbauwert In Warmlagen eine der edelsten Wintersorten. Gut für Spaliere und Topfbäume geeignet.

Standort der Sichtungsbäume: *Hochschule Geisenheim, Deutsche Genbank Obst Dresden-Pillnitz, Landwirtschaftliche Lehranstalten Triesdorf, Bundessortenamt - Prüfstelle Wurzen.*

Packhams Triumph

Herbstsorte

Entstehung 1896 aus 'Uredale St. Germain' x 'Williams Christbirne', Züchter C. H. PACKHAM in Molong (Australien). Die Sorte kam um 1945 nach USA, von dort nach Europa.

Frucht Meist groß, beulig und höckerig. Schale mittelfest, glatt.
Fruchtfleisch nur in Warmlagen feinzellig, saftig, schmelzend und geschmackvoll. Etwas weich.

Reife Ab Ende September. Nicht windfest, deshalb ist mehrmals durchzupflücken.

Baum Breit pyramidales, gut verzweigtes Wuchsbild mit etwas verdrehten oder schleudernden Trieben. Anfangs mittelstarker, bei Vollertrag schwacher Wuchs. Der Überwachungsschnitt zielt vor allem auf den Erhalt der Triebkraft. Gelegentliche Verjüngung ist notwendig.
Im Holz nicht frostfest.

Standort Ausreichende Fruchtqualität ist nur in Weinbaulagen auf leichteren, nährstoffreichen Böden erzielbar.

Anfälligkeit Stark anfällig für Feuerbrand, außerdem für Blatt- und Fruchtschorf.

Blüte Mittelfrüh, stark witterungsempfindlich. Guter Pollenspender. Neigt bei mangelnder Befruchtung zur Jungfernfrüchtigkeit. Ausdünnen bald nach der Blüte kann die Alternanzneigung mindern.

Ertrag Früh einsetzend. Anfangs gering, später Wechsel zwischen sehr hohen und geringen Erträgen.

Anbauwert Sehr empfindliche Sorte, nicht für den Garten geeignet.

Standort der Sichtungsbäume: *Hochschule Geisenheim, Deutsche Genbank Obst Dresden-Pillnitz, Landwirtschaftliche Lehranstalten Triesdorf, Bundessortenamt - Prüfstelle Wurzen, Reiserschnittgarten Baden-Württemberg.*

Pastorenbirne

Spätsorte

Originalname 'Poire de Curé'

Entstehung Um 1760, von Pfarrer (Curé) LEROY im Wald bei Clion (Frankreich) gefunden.

Frucht Groß, mitunter sehr groß. Sortentypischer Roststrich über der Frucht. Schale dick, derb, glatt, leicht bewachst, stört beim Verzehr. Druckfest.
Fruchtfleisch grobzellig, saftig, halb schmelzend. Von der Jahreswitterung abhängiger Geschmack.

Reife Ab Anfang Oktober. Windfest bis kurz vor der Baumreife, danach (und auf trockenen Böden) schnell fallend. Deshalb ist rechtzeitig zu ernten. Etwa 3 Monate ohne Lagerwelke haltbar.

Baum Große, hoch pyramidale Krone mit steilen, gut verzweigten Gerüstästen und hängenden Außenzweigen. Gut mit Fruchtholz besetzt. Starker, auch im Vollertrag noch kräftiger Wuchs. Wenig frostempfindlich.

Der Schnitt richtet sich auf die Höhenbegrenzung, damit die Krone für die Pflege und Ernte erreichbar bleibt.

Standort Als Tafelsorte sind warme Lagen und nährstoffreiche Böden erforderlich. Als Wirtschaftssorte bis in höhere Lagen anbaufähig.

Anfälligkeit Sehr stark Feuerbrand. Auf schweren Böden und in warmen Feuchtlagen stark für Blatt-, Frucht- und Rindenschorf, Birnengitterrost und Spitzendürre.

Blüte Mittelfrüh, nicht witterungsempfindlich. Schlechter Pollenspender (triploid).

Ertrag Auf Quitte früh einsetzend, auf Sämling nach etwa 8 Jahren. Regelmäßiger Massenträger.

Anbauwert Die frühere Bedeutung ist heute nicht mehr gegeben. Wegen der starken Feuerbrandgefahr auch kaum noch im Streuobstanbau anzutreffen.

Standort der Sichtungsbäume: *AHNU Bad Schönborn, Deutsche Genbank Obst Dresden-Pillnitz, Landwirtschaftliche Lehranstalten Triesdorf, Reiserschnittgarten Baden-Württemberg.*

Pierre Corneille

Spätsorte

Entstehung Um 1890 aus 'Diels Butterbirne' x 'Vereinsdechantsbirne'. Züchter Baumschule Sannier in Rouen (Frankreich). Seit 1894 im Handel.

Frucht Mittelgroß, unterschiedliche Form, ungleichhälftig. Schale dünn, glatt, je nach Standort und Jahreswitterung mehr oder weniger stark gefärbt.
Fruchtfleisch in Warmlagen feinzellig, fest, süß, schmelzend, mit Wohlgeschmack.

Reife Ab Anfang Oktober. Windfest bis zur Reife. Es sollte so spät wie möglich geerntet werden. Etwa 5 bis 6 Wochen haltbar.

Baum Aufrechter, wenig verzweigter Wuchs mit überwiegend dünnen, aufrechten, teils schleudernden Trieben und kleinen, gefalteten Blättern. Anfangs starkes, im Vollertrag sehr schwaches Wachstum, besonders auf Quitte. Der Schnitt zielt auf den Erhalt der Triebkraft und die bessere Verzweigung.

Standort Qualitätsfrüchte sind vorzugsweise in Warmlagen auf nährstoffreichen Böden zu erwarten.

In geschützten, mittleren Höhenlagen noch als Wandspalier möglich.

Anfälligkeit Stark anfällig für Schorf, mittelstark für Feuerbrand, besonders in geschlossenen Lagen.

Blüte Früh, witterungsempfindlich. Guter Pollenspender. Ein Ausdünnen bald nach der Blüte fördert die Fruchtgröße, wirkt ertragsregulierend und beugt der Erschöpfung des Baumes vor.

Ertrag Früh einsetzend. Meist jährlich wechselnd zwischen sehr hohen und dann geringeren Erträgen.

Anbauwert Die Sorte wird auf warmen Standorten wieder angebaut. Gut geeignet für Spaliere und Topfbäume.

Standort der Sichtungsbäume: *LWG Veitshöchheim, Hochschule Weihenstephan-Triesdorf, Hochschule Geisenheim, Landwirtschaftliche Lehranstalten Triesdorf, Bundessortenamt - Prüfstelle Wurzen, Reiserschnittgarten Baden-Württemberg.*

Pitmaston

Herbstsorte

Originalname 'Pitmaston Duchesse d'Angoulême'

Entstehung 1841 aus 'Herzogin von Angoulême' x 'Hardenponts Winterbutterbirne'. Züchter John WILLIAMS in Pitmaston Manor (England).

Frucht Groß bis sehr groß und schwer. Schale dünn, glatt, hart, etwas störend beim Verzehr. Druckempfindlich.
Fruchtfleisch in Warmlagen und nur vollreif feinzellig, schmelzend, außerordentlich saftig, von edler Würze.

Reife Ab Ende September. Bis zur Baumreife windfest. Nicht vorher ernten, sonst deutlicher Qualitätsverlust. Etwa 3 bis 4 Wochen haltbar, am besten im luftigen Freilager.

Baum Meist auf Niederstamm veredelt. Schmales und hohes, ausreichend verzweigtes Wuchsbild mit überhängenden Zweigen. Gerüstäste aufrecht, gut mit Kurztrieben besetzt.
Im Holz meist frostfest. Mittelstarker Wuchs. Der Schnitt zielt auf eine breitere Wuchsform.

Standort Bevorzugt für Warmlagen, aber auch windgeschützte, mittlere Höhenlagen mit nährstoffreichen, leichteren Böden sind geeignet.

Anfälligkeit In geschlossenen Lagen für Schorf.

Blüte Mittelspät, lange anhaltend, wenig witterungsempfindlich. Schlechter Pollenspender (triploid). Nach der Blüte ist ein Ausdünnen lohnend.

Ertrag Mittelfrüh einsetzend, hoch und regelmäßig.

Anbauwert Wertvolle, sehr vielseitig verwertbare Sorte. In England noch immer eine der beliebtesten Hauptsorten. Auch bei uns für den Garten und als Streuobst zu empfehlen.

Standort der Sichtungsbäume: *Deutsche Genbank Obst Dresden-Pillnitz, Landwirtschaftliche Lehranstalten Triesdorf.*

Präsident Drouard

Spätsorte

Entstehung Ungewiss. Gefunden in der Gegend um Pont-de-Ce (Frankreich), um 1870 in den Handel gebracht.

Frucht Groß, mitunter sehr groß, glockenförmig. Schale dünn, aber hart. Bleibt bis zur Reife grasgrün. Druckempfindlich auf dem Lager. Fruchtfleisch von warmen Standorten schmelzend, sehr saftig, süß, mit feiner Würze. Sonst weniger delikat, etwas grießig.

Reife Ab Ende September. Windfest bis zur Baumreife, danach schnell fallend. Der Reifeverlauf ist aufmerksam zu beobachten. Qualitätsverlust bei zu früher Ernte. Etwa 3 Monate haltbar, aber lagerungsempfindlich.

Baum Hoch pyramidales, gering verzweigtes Wuchsbild mit aufrechten Gerüstästen und großen Blättern. Stark mit brüchigen Kurztrieben besetzt.
Im Holz ausreichend frostfest. Anfangs mittelstarkes Wachstum, im Vollertrag unbefriedigend schwach, deshalb wird oft auf Sämling veredelt.

Der Überwachungsschnitt zielt auf den Erhalt der Wuchskraft und der guten Verzweigung.

Standort Wegen der hohen Fruchtbarkeit und der Wuchsschwäche eignen sich am besten mittelschwere, nährstoffreiche Böden in warmen Lagen. Wandspaliere sind noch in windgeschützten, mittleren Höhenlagen möglich.

Anfälligkeit In geschlossenen Lagen stark für Schorf. Chlorose auf schweren und kalkreichen Böden.

Blüte Spät, lange anhaltend, nicht witterungsempfindlich. Guter Pollenspender. Ein energisches Ausdünnen nach der Blüte ist immer erforderlich.

Ertrag Sehr früh einsetzend. Auf Quitte und Sämling gleichermaßen hoch bis sehr hoch und regelmäßig.

Anbauwert Liebhabersorte für wärmere Lagen. Besonders geeignet für Spaliere und Topfbäume.

Standort der Sichtungsbäume: *Hochschule Geisenheim, Landwirtschaftliche Lehranstalten Triesdorf, Bundessortenamt - Prüfstelle Wurzen.*

Präsident Heron

Herbstsorte

Entstehung Um 1890 aus 'Beurré Amandé' x Sämling von 'Gute Luise' in der Baumschule Sannier, Rouen (Frankreich). Seit 1894 im Handel.

Frucht Mittelgroß bis groß, ungleichhälftig. Schale dünn, zart, fast ganzflächig berostet. Bei Reife sehr druckempfindlich.
Fruchtfleisch in Warmlagen mittelfein, weich, saftig, sortentypisch parfümiert.

Reife Ab dem letzten Septemberdrittel. Fruchtfall oft schon vor der Reife. Deshalb sollte mehrmals durchgepflückt werden.
Etwa 4 Wochen haltbar.

Baum Pyramidales, wenig verzweigtes Wuchsbild. Mittelstarker Wuchs bis zum Vollertrag, dann schwach. Der Schnitt zielt auf bessere Verzweigung und den Erhalt der Wuchskraft.

Standort Wegen der hohen Fruchtbarkeit sind warme Lagen und nährstoffreiche Böden unbedingt erwünscht.

Anfälligkeit Mittelstark für Feuerbrand und örtlich für Schorf. Gelegentlich tritt die Rostmilbe auf.

Blüte Früh, witterungsempfindlich. Starker Fruchtansatz ist die Regel, deshalb sollte energisch ausgedünnt werden.

Ertrag Früh einsetzend, hoch bis sehr hoch, regelmäßig.

Anbauwert Wegen der Druckempfindlichkeit schonend zu behandeln.
Eine Sorte für den Garten in warmer Lage.
Im Erwerbsanbau findet sie wieder stärkere Beachtung wegen der hohen und gleichmäßigen Erträge.

Standort der Sichtungsbäume: *Hochschule Geisenheim, Deutsche Genbank Obst Dresden-Pillnitz, Landwirtschaftliche Lehranstalten Triesdorf, Bundessortenamt - Prüfstelle Wurzen.*

Römische Schmalzbirne

Frühsorte

Doppelnamen 'Frauenbirne', 'Frauenschenkel' und viele andere.

Entstehung Unbekannt, früher in Deutschland verbreitet. 1886 vom Deutschen Pomologenverein zum Anbau empfohlen.

Frucht Mittelgroß, ungleichmäßige Form mit auffallend langem Stiel. Schale dünn, zart, bei Reife druckempfindlich. Deutlicher Duft. Fruchtfleisch feinzellig, saftig, fein gewürzt. Verwertung zur Dörrfrucht gut möglich.

Reife Folgernd ab Ende August. Wegen vorzeitigen Fruchtfalls muss mehrmals durchgepflückt werden.
Etwa 10 Tage haltbar. Wird dann aber schnell teigig.

Baum Breite, hochgebaute und gut verzweigte Krone. Nach außen überhängend. Anfangs starker, im Vollertrag noch mittelstarker Wuchs.

Standort Anspruchslos. Breit anbaufähig bis in windgeschützte, höhere Lagen. Trockene Böden sind ungünstig und führen zu verstärktem Fruchtfall.

Anfälligkeit In geschlossenen Tallagen und auf nassen, schweren Böden stark für Schorf, bisweilen auch Gipfeldürre.

Blüte Mittelfrüh, lange anhaltend, nicht witterungsempfindlich. Guter Pollenspender.

Ertrag Spät einsetzend, dann mit dem Alter ansteigend und regelmäßig. Massenträger.

Anbauwert Früher häufig als Straßenbaum verwendet. Heute Liebhabersorte im extensiven Anbau.

Standort der Sichtungsbäume: *AHNU Bad Schönborn, Landwirtschaftliche Lehranstalten Triesdorf, Pomona Franconica Merkendorf.*

Rotbackige Sommer-Zuckerbirne *Frühsorte*

Entstehung Ungewiss, seit 1801 bekannt. Teilweise heute noch in Hessen, Unterfranken und um Hannover anzutreffen.

Frucht Klein, meist kreiselförmig, mit langem Stiel. Schale mitteldick, glatt, trocken. Fruchtfleisch sehr saftig, süß und schmelzend. Beliebt als Nasskonserve und Dörrobst.

Reife Ab Ende Juli. Wegen des starken Fruchtfalls ist schon vor der Baumreife zu ernten. Nur wenige Tage haltbar.

Baum Breit pyramidale Krone mit steil aufstrebenden, wenig verzweigten Gerüstästen. Anfangs starker, bei Vollertrag und im Alter schwacher Wuchs. Sehr langlebig.

Standort Anspruchslos an Boden und Klima, bis in höhere Lagen anbaufähig.

Anfälligkeit Stark für Feuerbrand. Schorf tritt seltener auf.

Blüte Früh, etwas witterungsempfindlich.

Ertrag Auf Sämling jährlicher Wechsel zwischen sehr hohen und niedrigen Erträgen. Auf Quitte sehr regelmäßig und hoch.

Anbauwert Begehrte Liebhabersorte für die Verwertung.

Standort der Sichtungsbäume: *Kompetenzzentrum Obstbau-Bodensee*

Rote Dechantsbirne

Herbstsorte

Entstehung Unbekannt. Der Pomologe Diel erhielt sie 1790 aus dem Kartäuserkloster in Paris. 1874 vom Deutschen Pomologenverein zum Anbau empfohlen.

Frucht Mittelgroß, selten groß. Je nach Standort unterschiedliche Form. Schale dick, rau berostet, störend beim Verzehr. Fruchtfleisch fest, halb schmelzend. Grobzellig, gut gewürzt, sehr süß und saftig, mit leicht muskatartigem Geschmack.

Reife Ab Mitte September, bis zur Reife gut windfest. Etwa 3 bis 4 Wochen haltbar.

Baum Gedrungen aufrechtes, stark verzweigtes Wuchsbild mit etwas überhängenden Ästen. Anfangs kräftiger Wuchs, in Vollertrag deutlich schwächer. Auf älteren Hochstämmen bleiben die Früchte kleiner. Im Holz frostfest.

Standort Beste Fruchtqualität ist in warmen Lagen auf leichteren Böden zu erwarten. Sonst breit anbaufähig bis in raue Höhenlagen.

Anfälligkeit Leicht anfällig für Feuerbrand, sonst sehr widerstandsfähig.

Blüte Früh, sehr unempfindlich gegen Witterungseinflüsse. Nach der Blüte ist eine energische Fruchtausdünnung angebracht, um einer Erschöpfung des Baumes vorzubeugen.

Ertrag Auf Sämling wechselnde Erträge, auf Quitte regelmäßig und hoch.

Anbauwert Problemlose und robuste Liebhabersorte für alle Baumformen, auch Spaliere und Topfbäume, Streuobst.

Rote Pfalzgräfin

Herbstsorte

Weitere Namen 'Pfalzgräfin', 'Große Pfalzgräfin'

Bemerkung Bei der Sorte 'Pfalzgrafenbirne' handelt es sich lt. OBERDIECK (1869) um eine andere Sorte.

Entstehung Unbekannt, soll eine sehr alte Sorte sein.

Frucht Mittelgroß, selten groß. Fast aufsitzender, weit offener Kelch, schief aufsitzender Stiel. Schale derb, zur Reife gelbgrün, sonnenseits intensiv braunrot mit deutlich hervortretenden Schalenpunkten.
Fruchtfleisch gelblichweiß, von warmen Standorten voll schmelzend, sehr süß.

Reife Ab Mitte September, windfest bis zur Reife. Haltbar bis Mitte Oktober im kühlen Naturlager.

Baum Große, gut verzweigte Krone mit überhängenden Zweigen. Anfangs starker, im Alter noch mittelstarker Wuchs. Kann sehr alt werden.

Standort Beste Fruchtqualität ist von Warmlagen zu erwarten, doch sind auch geschützte, mittlere Höhenlagen noch gut geeignet.

Ertrag Spät einsetzend, dann aber hoch und (fast) regelmäßig.

Anbauwert War früher eine begehrte Tafelsorte. Für Streuobst geeignet.

Standort der Sichtungsbäume: *AHNU Bad Schönborn, Rhöner Apfelinitiative.*

Santa Maria

Herbstsorte

Entstehung 'Williams Christbirne' x 'Coscia'. Züchter Professor MORETTINI, Florenz. Seit 1954 von der Baumschule Delbard (Frankreich) verbreitet.

Frucht Groß, in der Form ähnlich 'Clapps Liebling'. Schale dünn, glatt und zart. Bei Reife nicht druckfest.
Fruchtfleisch in warmen Lagen halb schmelzend, saftig, süß mit Wohlgeschmack. Vom Baum essbar. Sehr gute Tafel- und Schaufrucht.

Reife Folgernd ab Anfang September. Es ist mehrmals durchzupflücken, denn nach der Baumreife werden die Früchte leicht mehlig. Etwa 4 Wochen haltbar, am besten im Freilager.

Baum Aufrechtes, breit pyramidales, gut verzweigtes Wuchsbild. Der Schnitt zielt auf eine breitere Krone und den Erhalt der Wuchskraft, um eine vorzeitige Vergreisung zu verhüten.

Standort Beste Fruchtqualität ist nur im Weinbauklima und auf nährstoffreichen, eher leichten Böden zu erwarten.
In schweren Böden bleiben die Früchte klein und es kann Spitzendürre auftreten. Südliche Wandspaliere sind bis in geschützte, mittlere Höhenlagen möglich.

Anfälligkeit Mäßig für Feuerbrand, gering für Schorf.

Blüte Mittelfrüh, witterungsempfindlich. Guter Pollenspender. Ein Ausdünnen nach der Blüte wirkt ertragsregulierend und fördert die Fruchtqualität.

Ertrag Früh einsetzend, hoch und regelmäßig.

Anbauwert In geeigneter Lage optisch und im Geschmack eine der edelsten Herbstsorten, vor allem auf Spalierbäumen.

Standort der Sichtungsbäume: *Hochschule Geisenheim, Deutsche Genbank Obst Dresden-Pillnitz, Landwirtschaftliche Lehranstalten Triesdorf, Bundessortenamt - Prüfstelle Wurzen.*

Schweizerhose

Herbstsorte

Bemerkung Der Name weist auf die Bekleidung der Schweizer Garde im Vatikan hin.

Entstehung Um 1800 in der Schweiz.

Frucht Höchstens mittelgroß, mit langem, dünnem Stiel. Schale dünn, zart. Die auffällige Schale ist bei Sonnenfrüchten am deutlichsten. Fruchtfleisch feinzellig, saftig, auf warmen Standorten süß und schmelzend.

Reife Folgernd ab Mitte September. Windfest bis kurz vor der Reife, deshalb sollte rechtzeitig geerntet werden.

Baum Mittelgroße, wenig verzweigte Krone mit dünnen Trieben. Anfangs starkes, später dann mittelstarkes Wachstum.

Standort Die Fruchtqualität wird von warmer Lage günstig beeinflusst. Sonst breit anbaufähig bis in windgeschützte, mittlere Höhenlagen.

Anfälligkeit Keine besonderen Krankheiten und Schädlinge bekannt.

Ertrag Jährlich wechselnde Erträge von mittelhoch bis gering.

Anbauwert Typische Sammler- und Liebhabersorte. Für den Hausgarten und als Streuobst.

Standort der Sichtungsbäume: *AHNU Bad Schönborn, Landwirtschaftliche Lehranstalten Triesdorf.*

Schweizer Wasserbirne

Spätsorte

Weiterer Name 'Weingifterin' (im Elsass)

Entstehung Unbekannt. Soll auf die 'Holzbirne' in der Schweiz zurückgehen. Heute noch am Bodensee und im Odenwald anzutreffen.

Frucht Klein bis mittelgroß, rundlich. Schale dick, hart, mitunter etwas rau.
Fruchtfleisch unter der Schale hellgrün, hart, sehr saftig und süß, mit wässerigem, herben Geschmack. Ergibt hellen Most mit hohem Mostgewicht.

Reife Ab Ende September, sturmfest. Verwertung ab Ende November.

Baum Hochkugelige, mächtige, gut verzweigte Krone mit aufstrebenden, nach außen hängenden Ästen. Sehr starker, im Alter immer noch mittelstarker Wuchs. Sehr langlebig.

Standort Anspruchslos an Boden und Klima. Bis in Hochlagen anbaufähig, auch auf armen, steinigen Böden.

Anfälligkeit In Warmlagen stark für Feuerbrand, in Höhenlagen widerstandsfähig, auch gegen andere Krankheiten.

Blüte Mittelfrüh, nicht witterungsempfindlich. Schlechter Pollenspender (triploid). Bei schlechter Befruchtung kann Jungfernfrüchtigkeit auftreten.

Ertrag Spät einsetzend, dann wechselhaft, insgesamt aber hoch.

Anbauwert Wirtschaftssorte für den extensiven Anbau. Wegen der regelmäßigen Krone und der schönen Herbstfärbung auch als Hausbaum wertvoll.

Standort der Sichtungsbäume: *AHNU Bad Schönborn, Hochschule Weihenstephan-Triesdorf, Hochschule Geisenheim, Landwirtschaftliche Lehranstalten Triesdorf, Reiserschnittgarten Baden-Württemberg.*

Seckelsbirne

Spätsorte

Originalname 'Seckle's Pear'

Entstehung 1819 von Viehhändler Jacob Seckle bei Philadelphia mit Samen ausgesät, die er von einem deutschen Siedler erhalten hatte. 1874 vom Deutschen Pomologenverein zum Anbau empfohlen, 1883 wegen des zu schwachen Wachstums aber wieder gestrichen.

Frucht Klein, unterschiedliche Fruchtform. Schale dünn, schattenseits rau, berostet. Fruchtfleisch feinzellig, saftig, süß, mit kräftigem Muskatgeschmack.

Reife Ab Mitte Oktober, sturmfest. Etwa 6 Wochen haltbar, wenn die Früchte kurz vor der Baumreife abgenommen werden.

Baum Kleine, pyramidenförmige, wenig verzweigte Krone mit ungewöhnlich vielen Kurztrieben. Schwaches, im Vollertrag sehr schwaches Wachstum. Der Schnitt nach der Ernte begünstigt vor allem das Triebwachstum. Veredlung nur auf Sämling.

Standort Wegen des besonders schwachen Wachstums sind ausschließlich warme Lagen und nährstoffreiche Böden für den Anbau geeignet. Möglich sind auch windgeschützte, mittlere Höhenlagen.

Anfälligkeit Keine besonderen Krankheiten und Schädlinge bekannt.

Blüte Früh, etwas witterungsempfindlich. Ein Ausdünnen bald nach der Blüte ist stets erforderlich, um die Erschöpfung des Baumes zu verhüten.

Ertrag Früh einsetzend, in geeigneter Lage hoch bis sehr hoch und regelmäßig.

Anbauwert Früher als zwar kleine, aber ausgezeichnete Tafelbirne begehrt. Auch für die Verwertung gut geeignet.

Standort der Sichtungsbäume: *Landwirtschaftliche Lehranstalten Triesdorf.*

Sommer-Eierbirne

Frühsorte

Weiterer Name 'Bestebirne'

Entstehung Unbekannt, soll eine alte, deutsche Sorte sein.

Frucht Klein, höchstens mittelgroß. Schale dick, glatt, druckfest.
Fruchtfleisch nach guter Jahreswitterung feinzellig, saftig, schmelzend, süß-säuerlich. Bei ungünstigen Voraussetzungen körnig und fade.

Reife Je nach Lage folgernd ab Mitte August. Nicht windfest. Es ist stets deutlich vor der Baumreife zu ernten, solange die Kerne noch weiß sind. Etwa 7 Tage haltbar.

Baum Hoch aufstrebende, sehr dicht verzweigte, mächtige Krone mit dünnen, bis zum Boden überhängenden Zweigen. Auch bei Vollertrag noch starker Wuchs. Der Baum ist sehr langlebig.

Standort Warme Lagen werden bevorzugt. Bei schweren Böden und in kalter Lage ist der Baum kurzlebiger.

Anfälligkeit Mittelstark für Schorf, gering für andere Krankheiten und Schädlinge. Auf schweren Böden kann Gipfeldürre auftreten.

Blüte Spät und lange anhaltend. Nicht witterungsempfindlich.

Ertrag Sehr spät einsetzend, oft erst nach 15 Jahren, dann aber hoch und regelmäßig.

Anbauwert Gute Tafelbirne, war als Nasskonserve sehr beliebt. Früher besonders in Südwestdeutschland, Hessen und im Rheinland verbreitet.

Standort der Sichtungsbäume: *AHNU Bad Schönborn, Pomona Franconica Merkendorf.*

Sommermagdalene

Frühsorte

Voller Name 'Grüne Sommer-Magdalene'

Entstehung Unbekannt, soll eine sehr alte Sorte sein. In der Beschreibung des Freiherrn von Heincke (1798) wird sie als 'Citron de Carmes' erwähnt. 1883 vom Deutschen Pomologenverein zur Anpflanzung empfohlen.

Frucht Klein, höchstens mittelgroß. Unterschiedliche Form, von birn- bis bergamotteförmig. Schale dünn, weich, druckempfindlich, angenehmer Duft.
Fruchtfleisch feinzellig, halb schmelzend. Angenehmer Geschmack mit würziger, feiner Säure.

Reife Folgernd ab Ende Juli. Einigermaßen windfest, aber rasch faulend. Unbedingt vor der Baumreife ernten. Nur wenige Tage haltbar.

Baum Fast kugelrunde, sehr gut verzweigte Krone mit nach außen überhängenden Zweigen. Das Holz ist brüchig und durch Windbruch gefährdet, vor allem bei freiem Stand. Bruchgefahr auch bei der Ernte.

Anfangs kräftiger Wuchs, im Vollertrag aber deutlich schwächer. Im Holz nicht ganz frostfest.

Standort Geschützte Lage und feuchter Boden fördern die Fruchtqualität. Für Wandspaliere gut geeignet.

Anfälligkeit Kaum für Feuerbrand, in geschlossenen Lagen für Schorf.

Ertrag Mittelspät einsetzend, alle 2 Jahre hoch.

Anbauwert Liebhabersorte. Früher als Einmachbirne sehr beliebt.

Standort der Sichtungsbäume: *AHNU Bad Schönborn, Landwirtschaftliche Lehranstalten Triesdorf, Bundessortenamt - Prüfstelle Wurzen.*

Stuttgarter Geißhirtle

Frühsorte

Entstehung Um 1750 von Geißhirten in der Umgebung von Stuttgart im Wald gefunden. 1805 vom Pomologen DIEL beschrieben. 1860 vom Deutschen Pomologenverein zum Anbau empfohlen.

Frucht Klein, meist tropfenförmig. Schale dünn, glatt. Fruchtfleisch in warmen Lagen halb schmelzend, sehr saftig und aromatisch. Sonst fest, grießig und fade.

Reife Ab Mitte August, windfest, vom Baum essbar. Für die Verwertung sind die Früchte einige Zeit vor der Reife abzunehmen. Etwa 2 Wochen haltbar.

Baum Schöne, hoch pyramidale, gut verzweigte Krone mit feinen Ästen und kleinen Blättern. Anfangs starker, dann mittelstarker, bei Vollertrag schwacher Wuchs. Im Holz frostfest. Schnitt nach der Ernte zielt auf eine breitere, gut belichtete Krone mit größeren Früchten und soll ein frühzeitiges Vergreisen abwenden.

Standort Beste Fruchtqualität ist in warmen Lagen und auf nährstoffreichen Böden zu erwarten. Der Anbau als Wirtschaftssorte ist bis in höhere Lagen möglich.

Anfälligkeit Mittelstark für Blattschorf und „Zweiggrind". In flachgründigen Böden tritt mitunter auch Spitzendürre auf. Sonst robust.

Blüte Früh, lange anhaltend und nicht witterungsempfindlich. Guter Pollenspender. Nach der Blüte ist ein energisches Ausdünnen ratsam, um größere Früchte zu erzielen.

Ertrag Spät einsetzend, hoch und regelmäßig.

Anbauwert Wegen ihrer vielseitigen Verwendbarkeit heute noch verbreitete Liebhabersorte. Gut geeignet für Spalier und Topfbaum, ebenso als schöner Hausbaum und für den Streuobstanbau.

Standort der Sichtungsbäume: *AHNU Bad Schönborn, Hochschule Geisenheim, Landwirtschaftliche Lehranstalten Triesdorf, Kompetenzzentrum Obstbau-Bodensee.*

Sülibirne

Spätsorte

Besonderes Streuobstsorte des Jahres 2002

Entstehung Ungewiss, vermutlich um 1820 in der Schweiz.

Frucht Klein, fast kugelrund, mit langem Stiel. Schale dick, derb.
Fruchtfleisch fest bis hart, körnig, süß und sehr saftig. Für die Mostbereitung und andere Verwertungsarten gut geeignet.

Reife Je nach Standort ab Mitte Oktober. Sturmfest. Verwertung ab Ende Oktober.

Baum Große, hochgewölbte und dichte Krone. Kräftiger, auch im Vollertrag noch mittelstarker Wuchs.

Standort Breit anbaufähig, auch in Höhenlagen ohne Qualitätsverlust.

Anfälligkeit Keine Krankheiten und Schädlinge bekannt.

Ertrag Spät einsetzend, dann ansteigend. Nach etwa 12 Jahren hoch und regelmäßig.

Anbauwert Most- und Wirtschaftssorte für raue Lagen.

Standort der Sichtungsbäume: *AHNU Bad Schönborn, Deutsche Genbank Obst Dresden-Pillnitz, Landwirtschaftliche Lehranstalten Triesdorf, Bundessortenamt - Prüfstelle Wurzen.*

Superior

Spätsorte

Entstehung 1987. 'Williams Christ' x 'Vereinsdechantsbirne' in der Hochschule Geisenheim. Es besteht Sortenschutz.

Frucht Groß, auch sehr groß, meist ungleichhälftig. Flache, fast aufsitzende, strahlige Kelchgrube, schief aufgesetzter Stiel. Schale mitteldick, zart, etwas druckempfindlich. Zur Reife gelblich, sonnenseits flächig gerötet. Fruchtfleisch von Warmlagen feinzellig, sehr saftig, kräftig süß aromatisch.

Reife Je nach Lage ab Anfang Oktober, windfest bis zur Baumreife. Haltbar etwa 8 Wochen im kühlen Naturlager, im Kühllager bis Januar/ Februar.

Baum Breit pyramidales, etwas sparriges Wuchsbild mit fast waagerecht abgehender Verzweigung. Kurzes Fruchtholz an den Seitentrieben. Auch im Vollertrag noch mittelstarkes Wachstum.

Standort Warme Lagen und nährstoffreiche Böden mit genügender Feuchtigkeit fördern die Fruchtqualität. In mittleren, geschützten Höhenlagen sind auch Wandspaliere noch gut geeignet.

Anfälligkeit Gering für Krankheiten und Schädlinge, auch im Hinblick auf den Feuerbrand.

Blüte Mittelspät bis spät. Lange anhaltend, deshalb etwas witterungsempfindlich.

Ertrag Früh einsetzend, hoch und regelmäßig.

Anbauwert Für den Erwerbsanbau wie für den Garten eine wertvolle Neuheit. Lieferanten sind die Mitglieder der „Artevos“-Gruppe.

Standort der Sichtungsbäume: *Hochschule Geisenheim, LWG Veitshöchheim, LVA Quedlinburg, Reiserschnittgarten Baden-Württemberg.*

Tongern

Herbstsorte

Weitere Namen 'Poire de Tongres' (Originalname), 'Birne von Tongern' (voller Name), 'Durandeau' (Belgien)

Entstehung Um 1811 in Tongres-Notre-Dame (Belgien). Vom Gärtner Durandeau aus Samen gezogen.

Frucht Mittelgroß bis groß, unterschiedliche, oft schiefe und beulige Form mit flacher Längsrinne. Schale dick, fest, trocken, oft auch rau, störend beim Verzehr.
Fruchtfleisch nur von besten Lagen halb schmelzend, sehr saftig, süß aromatisch. Sonst fest und fade.

Reife Ab September, windfest bis zur Baumreife. Ernte bei beginnender Gelbfärbung, bei Überreife werden die Früchte schnell teigig. Etwa 6 Wochen im Freilager haltbar.

Baum Aufrechte, breit pyramidale, etwas unregelmäßige Krone mit dünnen, hängenden, oft auch schleudernden Trieben. Auffallend schmale Blätter mit rötlichen Stielen. Neigt zur Vergreisung. Ein aufmerksamer Schnitt zielt deshalb auf laufende Trieberneuerung.

Standort Beste Fruchtqualität nur in Warmlagen.

Anfälligkeit Stark für Feuerbrand. Anfällig auch für Birnengitterrost. In ungünstigen Lagen Schorf, Krebs, Steinzellenbildung. Die Früchte werden gerne von Wespen angefressen und faulen dann.

Blüte Mittelfrüh, guter Pollenspender. Unempfindlich gegen Witterungseinflüsse. Neigung zu Jungfernfrüchten. Nach der Blüte ist stets energisch auszudünnen.

Ertrag Auf Quitte ab dem 3., auf Sämling etwa ab dem 6. Standjahr, dann hoch bis sehr hoch und regelmäßig.

Anbauwert Ertragssicher, aber qualitätsmäßig sicher keine Spitzensorte. Der Wert wird durch hohe Standortansprüche und die Anfälligkeit für Feuerbrand stark eingeschränkt.

Standort der Sichtungsbäume: *Hochschule Geisenheim, Deutsche Genbank Obst Dresden-Pillnitz, Landwirtschaftliche Lehranstalten Triesdorf, Bundessortenamt - Prüfstelle Wurzen, Reiserschnittgarten Baden-Württemberg.*

Triumph von Vienne

Herbstsorte

Originalname 'Triomphe de Vienne'

Entstehung 1864 als Zufallssämling in Montagnon (Frankreich) gefunden. Ab 1874 durch die Baumschule Blanchet in Vienne/Rhône verbreitet.

Frucht Große, ungleichmäßige, oft beulige Form. Schale dünn, zart, nicht druckfest. Fruchtfleisch nur auf guten Standorten und nach warmer Jahreswitterung fein, schmelzend, sehr saftig, süß und etwas gewürzt. Sonst fest und fade.

Reife Ab Anfang September. Bis zur Baumreife windfest, dann schnell fallend. Bei Vollreife teigig werdend. Deshalb ist mehrmals durchzupflücken. Etwa 3 Wochen haltbar, am besten im kühlen Freilager.

Baum Mittelgroße, gut verzweigte Krone mit anfangs steilen, später hängenden Ästen. Im Vollertrag schwaches Wachstum. Der Schnitt zielt vor allem auf den Erhalt des Triebwachstums, um ein vorzeitiges Vergreisen zu verhüten.

Standort Gute Fruchtqualität ist nur in Warmlagen zu erwarten, eingeschränkt in windgeschützten, mittleren Höhenlagen.

Anfälligkeit Stark für Feuerbrand, mittelstark für Schorf. Anfällig für Bakterienbrand und Bleiglanz, empfindlich gegen Kupfer- und Schwefelmittel.

Blüte Mittelspät, witterungsempfindlich. Bei starkem Fruchtansatz ist unbedingt auszudünnen.

Ertrag Setzt mittelspät ein, dann jährlicher Wechsel zwischen sehr hohen und geringen Erträgen.

Anbauwert Für den Garten weniger empfehlenswert.

Standort der Sichtungsbäume: *Hochschule Geisenheim, Deutsche Genbank Obst Dresden-Pillnitz, Landwirtschaftliche Lehranstalten Triesdorf, Bundessortenamt - Prüfstelle Wurzen, Reiserschnittgarten Baden-Württemberg.*

Uta

Spätsorte

Entstehung Auslese aus 'Madame Verté' x 'Bosc's Flaschenbirne' im Institut für Obstforschung Dresden-Pillnitz. Sortenschutz seit 1996.

Frucht Groß, kurze Achse. Je nach Behang 180 bis 300 g schwer. Schale mitteldick, derb, ganzflächig berostet. Druckfest.
Fruchtfleisch auf zusagenden Standorten schmelzend, fest, ausreichend saftig, mit kräftigem, süß-säuerlichen Aroma.

Reife Anfang bis Mitte Oktober. Haltbar bis Ende Januar im kühlen Naturlager.

Baum Pyramidal aufrechtes, lichtes Wuchsbild mit viel kurzem Seitenholz. Schwacher, höchstens mittelstarker Wuchs. Weniger für Hochstamm geeignet.
Der Schnitt zielt vor allem auf den Erhalt der Wuchskraft und eine bessere Verzweigung. Nicht frostfest im Holz.

Standort Beste Fruchtqualität auf warmen, leichteren Böden. Die Sorte gedeiht aber auch noch in mittleren Höhenlagen auf dürftigeren Böden. Kalte Lagen sind wegen der Frostempfindlichkeit des Holzes zu meiden.

Anfälligkeit Nach bisherigen Beobachtungen nur gering anfällig für Feuerbrand. Nach Höchsterträgen frostempfindlich im Holz, übermäßiger Behang ist daher zu vermeiden. Wegen der Saftigkeit picken die Vögel gerne an den Früchten.

Blüte Guter Pollenspender. Eine Ausdünnung bald nach der Blüte ist unbedingt erforderlich, um einer frühen Erschöpfung des Baumes vorzubeugen.

Ertrag Früh einsetzend, sehr hoch und regelmäßig.

Anbauwert Eine interessante Neuheit für den Erwerbsanbau und Garten. Pflanzenbezug bei den Mitgliedern der „Artevos“-Gruppe.

Standort der Sichtungsbäume: *LWG Veitshöchheim, Hochschule Geisenheim, Deutsche Genbank Obst Dresden-Pillnitz, Landwirtschaftliche Lehranstalten Triesdorf, Bundessortenamt - Prüfstelle Wurzen, Reiserschnittgarten Baden-Württemberg.*

Verdi

Spätsorte

Weiterer Name 'Sweet Blush'

Entstehung 'Gute Luise' x 'Vereinsdechantsbirne' in Wageningen, Niederlande. EU-Sortenschutz seit 1997.

Frucht Mittel bis groß, ungleichhälftig mit enger Kelchgrube und kurzem, kräftigen Stiel. Schale glatt, mitteldick, vollreif druckempfindlich.
Fruchtfleisch feinzellig, sehr saftig, von guten Standorten voll schmelzend, süß aromatisch mit leichter Säure.

Reife Ab Anfang Oktober. Windfest bis kurz vor der Baumreife, dann schnell fallend. Späte Ernte fördert das Aroma, deshalb ist mindestens einmal durchzupflücken. Etwa 8 Wochen im kühlen Naturlager haltbar.

Baum Großes, hochpyramidales, etwas sparriges Wuchsbild mit mäßig verzweigten, schräg aufrechten Gerüstästen. Kurzes Fruchtholz. Im Holz nicht ganz frostfest.

Standort Für eine gute Fruchtqualität sind warme, geschützte Lagen und tiefgründiger Boden mit ausreichender Feuchtigkeit erforderlich. In mittleren, geschützten Höhenlagen ist ein südliches Wandspalier noch geeignet. Nicht für trockene, tonige Böden.

Anfälligkeit Der Feuerbrandstatus ist unbekannt, die Sorte soll aber mäßig anfällig sein.

Blüte Früh bis mittelfrüh, kurz anhaltend, wenig empfindlich. Guter Pollenspender. Bei starkem Fruchtansatz ist bald nach der Blüte energisch auszudünnen.

Ertrag Früh einsetzend, auf Quitte A nach dem 3. Standjahr. Dann regelmäßig und hoch.

Anbauwert Eine interessante Sorte für den Erwerbsanbau, eingeschränkt für den Hausgarten.

Standort der Sichtungsbäume: *Bundessortenamt - Prüfstelle Wurzen, LWG Veitshöchheim, Fachhochschule Osnabrück, Kompetenzzentrum Obstbau-Bodensee.*

Vereinsdechantsbirne

Spätsorte

Originalname 'Doyenné du Comice d'Angers'

Typen 'Regal Red Comice' (1960, USA) und andere.

Entstehung 1845 im Versuchsgarten des Gartenbauvereins in Angers (Frankreich). Ab 1865 in Deutschland verbreitet und 1874 vom Deutschen Pomologenverein zum Anbau empfohlen.

Frucht Groß, mitunter sehr groß, ungleichhälftig. Schale mitteldick, zart, in der Vollreife druckempfindlich.
Fruchtfleisch auf guten Standorten fein, voll schmelzend, sehr saftreich, kräftig süß und wohlschmeckend. Sonst fest und eher fade.

Reife Je nach Lage ab Ende September. Windfest bis zur Baumreife. Für die Aromabildung ist so spät wie möglich zu ernten. Deshalb sollte mindestens einmal durchgepflückt werden. Etwa 8 Wochen im kühlen Freilager haltbar, dann meist teigig werdend.

Baum Große, hoch pyramidale, etwas sparrige Krone mit mäßig verzweigten, schräg aufrechten Gerüstästen. Kurzes Fruchtholz an den Seitentrieben. Anfangs starker, bei Vollertrag noch mittelstarker Wuchs.
Der Schnitt zielt auf bessere Verzweigung und Trieberneuerung nach außen. Im Holz nicht frostfest.

Standort Warme, geschützte Lagen mit ausreichender Feuchtigkeit fördern die Fruchtqualität. Gedeiht auch noch in windgeschützten Höhenlagen an südlichen Wandspalieren. Auf trockenen oder tonigen Böden ist die Fruchtqualität gering.

Anfälligkeit Stark für Feuerbrand und Bakterienbrand.

Blüte Sehr spät, lange anhaltend und witterungsempfindlich. Mitunter selbstfruchtbar. Guter Pollenspender. Starker Fruchtansatz wird durch warme Frühjahrswitterung begünstigt, deshalb ist dann ein energisches Ausdünnen zu empfehlen.

Ertrag Auf Quitte ab dem 5. Standjahr, danach dann jährlicher Wechsel zwischen hohen und niedrigeren Erträgen, abhängig von der Jahreswitterung.

Anbauwert Spitzentafel- und Wirtschaftssorte in warmen Lagen. Für Spalierformen gut geeignet.

Standort der Sichtungsbäume: *LWG Veitshöchheim, Hochschule Geisenheim, Deutsche Genbank Obst Dresden-Pillnitz, Landwirtschaftliche Lehranstalten Triesdorf, Bundessortenamt - Prüfstelle Wurzen, Reiserschnittgarten Baden-Württemberg.*

Welsche Bratbirne

Herbstsorte

Entstehung Ungewiss, vermutlich in der Steiermark. Dort und in Süddeutschland noch anzutreffen.

Frucht Klein, rundlich. Schale dick, druckfest. Fruchtfleisch grobkörnig, saftreich, ziemlich süß.

Reife Ab Ende September, schon vorzeitig fallend. Verwertung Mitte Oktober, wird danach rasch teigig.

Baum Mächtige Krone mit vielen, dünnen, nach außen überhängenden Zweigen. Jahrestriebe, Blattstiele und Blattadern auffallend hellgrau. Auch im Alter noch mittelstarkes Wachstum. Sehr langlebig.

Standort Anbaufähig bis in raue Lagen. Wurde in der Steiermark noch in 700 m Höhe angetroffen.

Anfälligkeit Keine besonderen Krankheiten und Schädlinge bekannt.

Blüte Schlechter Pollenspender (triploid).

Ertrag Spät, erst ab dem 15. Standjahr einsetzend, danach jährlich wechselnd zwischen sehr hohen Erträgen und völligem Ausfall.

Anbauwert Vorzügliche Mostbirne für Extremlagen. Schöner Hausbaum.

Standort der Sichtungsbäume: *AHNU Bad Schönborn, Landwirtschaftliche Lehranstalten Triesdorf, Kompetenzzentrum Obstbau-Bodensee.*

Williams Christbirne

Herbstsorte

Bemerkung 'Williams Christbirne' zählte, neben 'Bosc's u. 'Charneux', zu den Reichssorten, die 1922 als wirtschaftlich wichtig eingestuft wurden.

Entstehung Vor 1770 von A. Stair in Aldermaston, Grafschaft Berkshire (England) gefunden. Erst 1816 von Hooker beschrieben.

Mutanten 'Max Red Bartlett', 'Red Spring Pear' mit rötlichem Holz und rötlichen Blättern.

Frucht Mittelgroß, uneben. Schale dünn, bei Reife nicht druckfest.
Fruchtfleisch in Warmlagen feinzellig, weich, schmelzend, saftreich, von edlem, muskatartigem Aroma. Sonst fester, fade und Neigung zu Steinzellen. Bleibt bei Verwertung weiß.

Reife Je nach Lage ab Ende August, nicht windfest. Der Erntezeitpunkt kurz vor der Baumreife ist qualitätsentscheidend, deshalb ist ein mehrmaliges Durchpflücken empfehlenswert.
Etwa 2 Wochen haltbar, danach wird die Frucht rasch teigig. Es ist laufend auf Fleischbräune zu kontrollieren.

Baum Mittelgroßes, anfangs steiler, wenig verzweigter Wuchs. Später sparrige Äste und kurzes Fruchtholz. Anfangs kräftiger, bei Vollertrag schwacher Wuchs mit baldiger Erschöpfung des Baumes. Der Schnitt zielt vor allem auf laufende Erneuerung der Fruchtäste. Bei nachlassendem Triebwachstum ist eine Verjüngung erforderlich. Im Holz nicht frostfest.

Standort Warmlagen und nährstoffreiche Böden sind optimal, möglich sind aber auch windgeschützte, mittlere Höhenlagen am südlichen Wandspalier. In höheren Lagen ist mit Frostausfällen zu rechnen.

Anfälligkeit Stark für Feuerbrand, Schorf und Birnenverfall. Anfällig auch für Obstmade und Birnblattsauger. Empfindlich gegen Kupfer- und Schwefelmittel. Die Vögel picken die saftigen Früchte gerne an, deshalb lohnt sich oft das Eintüten in Faservlies, auch zur Verhütung von Wespenfraß mit anschließender Fäulnis.

Blüte Mittelspät, etwas witterungsempfindlich. Guter Pollenspender. Ein Ausdünnen ist nur gelegentlich erforderlich.

Ertrag Früh einsetzend, zunächst mit unterschiedlicher Ertragshöhe. Später mittelhohe Erträge.

Anbauwert Hauptsorte für die industrielle Verarbeitung. Aufgrund der hohen Ansprüche und fachlichen Anforderungen bei der Pflege ist ein Anbau im Garten nur bei ausreichenden Kenntnissen zu empfehlen.

Standort der Sichtungsbäume: *LWG Veitshöchheim, Hochschule Weihenstephan-Triesdorf, Hochschule Geisenheim, Deutsche Genbank Obst Dresden-Pillnitz, Landwirtschaftliche Lehranstalten Triesdorf, Bundessortenamt - Prüfstelle Wurzen, Reiserschnittgarten Baden-Württemberg.*

Winter-Dechantsbirne

Spätsorte

Originalname Vermutlich 'Pastorale'

Entstehung Ungewiss, soll schon 1750 im Klostergarten der Kapuziner in Löwen (Belgien) gewachsen sein. Seit 1818 in Deutschland verbreitet, 1857 vom Deutschen Pomologenverein zum Anbau empfohlen.

Frucht Je nach Jahreswitterung mittelgroß bis groß, veränderliche Form. Schale dick, manchmal rau, etwas störend beim Verzehr. Nicht druckempfindlich.
Fruchtfleisch in Warmlagen unter der Schale grünlich, feinkörnig, sehr saftig, mit edlem, etwas muskatartigem Geschmack. Sonst steinfrüchtig und fade. Zur vollen Ausreife ist ein langer, warmer Herbst nötig.

Reife Je nach Standort ab Mitte Oktober. Windfest bis zur Reife. Es ist so spät wie möglich zu ernten, deshalb mehrmals durchpflücken. Etwa 4 Monate im kühlen Naturlager haltbar. Laufende Kontrolle auf Fleischbräune empfehlenswert.

Baum Breit pyramidales Wuchsbild mit schräg aufrechten, ausreichend verzweigten Gerüstästen und kurzem Fruchtholz. Mittelstarker bei Vollertrag schwacher Wuchs.
Schnitt zielt auf laufende Trieberneuerung, um vorzeitiges Vergreisen zu verhüten. Im Holz nicht frosthart.

Standort Nur für Weinbaulagen mit nährstoffreichen Böden geeignet, allenfalls noch am südlichen Wandspalier in windgeschützten, höheren Lagen. Außerhalb dieser Gebiete, z. B. in Norddeutschland, ist ein Anbau zwecklos.

Anfälligkeit Stark für Feuerbrand. Schorf an Blättern, Früchten und als Zweiggrind am Holz. Anfällig für Birnblattsauger. Empfindlich gegen Kupfer- und Schwefelmittel.
Gegen Fruchtschorf und für die Ausbildung einer zarteren Schale wurden die Früchte früher eingetütet.

Blüte Früh, witterungsempfindlich. Ein Ausdünnen nach dem Junifall zielt auf größere Früchte und wirkt ertragsregulierend.

Ertrag Früh einsetzend, hoch und regelmäßig nur auf nährstoffreichen Böden bei ausreichender Feuchtigkeit. Andernfalls eher wechselnde Erträge.

Anbauwert Eine der edelsten Sorten, jedoch nur in wärmsten Lagen. Wegen der hohen Ansprüche und fachlichen Anforderungen bei der Pflege ist ein Anbau im Garten besser zu unterlassen.

Standort der Sichtungsbäume: *Hochschule Geisenheim, Deutsche Genbank Obst Dresden-Pillnitz, Landwirtschaftliche Lehranstalten Triesdorf, Bundessortenamt - Prüfstelle Wurzen.*

Übersicht der Krankheiten und Risikofaktoren bei einigen Birnensorten

Sorte	Schorf	Weitere Schädlinge und Krankheiten	empfindlich gegen physiologische Störungen	Witterung	Pflanzenschutz-mittel	Standort
Abbé Fétel	stark	Gummiholzkrankheit	Chlorose			Weinbauklima
Alexander Lucas	mittel		Chlorose	frostempfindlich	Schwefel	Weinbauklima
Alexandrine Drouillat	gering					Höhenlage
Amanlis Butterbirne	stark	Krebs	Chlorose			Mittlere Höhenlage
Anjou	mittel					warm
Armida						warm
Benita	sehr gering	wenig Birnengitterrost				warm
Blumenbach	stark		Fruchtberostung	frostempfindlich	Kupfer, Schwefel	warm
Bosc's Flaschenbirne	mittel	versch. Viren	Steinzellen	frostempfindlich	Schwefel	geschützt bis warm
Bristol Cross	gering		Chlorose	frosthart im Holz		warm bis Weinbauklima
Bunte Julibirne	gering	Wespenfraß		frostempfindlich	Kupfer	mittlere Höhenlagen
Cascade	stark					mittlere Höhenlagen
Clairgeau	gering		Steinzellen			warm
Clapps Liebling	stark	Virosen, Pockenmilbe		Hitzeschäden frostempfindlich		warm
Concorde	tolerant	gering Birnengitterrost				geschützte Lage
Condo	gering	Rindenkrebs	Chlorose			mittlere Höhenlagen
Conférence	mittel	Krebs, Birnenverfall, Bakterienbrand			Kupfer	Weinbauklima
David	sehr gering	Krebs		frostempfindlich		warm
Dessertnaja	mittel			robust		mittlere Höhenlagen
Diels Butterbirne	stark		Fruchtrisse			warm bis Weinbauklima

Sorte	Schorf	Weitere Schädlinge und Krankheiten	empfindlich gegen physiologische Störungen	Witterung	Pflanzenschutzmittel	Standort
Doppelte Philippsbirne	gering			frosthart	Kupfer	höhere Lagen
Edelcrassane	stark			frostempfindlich		warm bis Weinbauklima
Epine du Mas	gering					mittlere Höhenlagen
Erika	mittel					warm
Esperens Bergamotte	stark		Steinzellen	frostempfindlich	Schwefel	warm bis Weinbauklima
Esperens Herrenbirne	stark		Alternanz			warm
Frühe v. Trévoux	stark	Birnenverfall	Steinzellen	frosthart		bis mittlere Höhenlagen
Gelbmöstler	gering					höhere Lagen
Gellerts Butterbirne	stark	Birnenverfall, Krebs, Gallmücke, Wespenfraß		frosthart im Holz		bis mittlere Höhenlagen
General Leclerc	gering	Pockenmilbe				warm
Gräfin von Paris	stark	Pockenmilbe, Birnenverfall		Hitzeschäden	Kupfer, Schwefel	warm
Grand Champion	mäßig	Birnengitterrost				warm
Großer Katzenkopf	wenig	Spitzendürre	Alternanz			Höhenlage
Grüne Jagdbirne	gering	Birnengitterrost	Alternanz			Höhenlage
Gute Graue	gering	Fruchtfäulen		frosthart		bis Hochlagen
Gute Luise	stark		Chlorose, Steinfrüchtigkeit	frostempfindlich	Kupfer, Schwefel	bis mittlere Höhen
Guyot	gering	Obstmade, Wespenfraß, Gummiholzkrankheit		Hitzeschäden	Kupfer, Schwefel	geschützt, nährstoffreich
Hardenponts Butterb.	stark	Birnenverfall Birnen-Gallmücke		frostempfindlich		warm
Harrow Delight	tolerant	ohne Birnengitterrost				warm
Harrow Sweet	tolerant	Birnblattsauger, Wespenfraß	Chlorose			geschützt

Übersicht der Krankheiten und Risikofaktoren bei einigen Birnensorten

Sorte	Schorf	Weitere Schädlinge und Krankheiten	empfindlich gegen physiologische Störungen	Witterung	Pflanzenschutz-mittel	Standort
Herzogin Elsa	wenig			Hitzeschäden		geschützt bis warm
Herzogin v. Angoulême	mittel			frostempfindlich		Weinbaulagen
Hofratsbirne	mittel			robust		Höhenlage
Hortensia	tolerant					mittlere Höhenlagen
Illinois	tolerant					Weinbauklima
Jeanne d'Arc	stark					mittlere Höhenlagen
Josephine v. Mecheln	mäßig			frosthart, robust	Kupfer, Schwefel	bis mittlere Höhenlagen
Kieffer	mäßig					Höhenlage
Köstl. von Charneu	stark			Hitzeschäden, frostempfindlich	Kupfer, Schwefel	warm
Le Lectier	gering		Alternanz	Hitzeschäden		Weinbauklima
Liegels Winter-Butterbirne	stark	Birnengitterrost		Hitzeschäden	Kupfer, Schwefel	warm
Lübecker Prinzessbirne	gering					mittlere Höhenlagen
Madame Verté	gering			frosthart		warm
Mollebusch	stark			frostempfindlich		warm, geschützt, bis mittlere Höhenlagen
Moonglow	mittel		Chlorose			mittlere Höhenlagen
Muskatellerbirne	gering					Höhenlage
Neue Poiteau	stark	Birnengitterrost				bis in höhere Lagen
Nojabrskaja	wenig					warm
Nordh. Winterforelle	stark	Birnenverfall		frostempfindlich		warm
Oberöster. Weinbirne	stark		Alternanz			Höhenlage

Sorte	Schorf	Weitere Schädlinge und Krankheiten	empfindlich gegen physiologische Störungen	Witterung	Pflanzenschutz-mittel	Standort
Olivier de Serres	mäßig	Birnen-Gallmücke		frostempfindlich		Weinbauklima
Packhams Triumph	stark		Alternanz	frostempfindlich		Weinbauklima
Pastorenbirne	sehr stark	Birnengitterrost, Spitzendürre	Alternanz		Kupfer	bis mittlere Höhenlagen
Pierre Corneille	stark					warm
Pitmaston	stark					mittlere Höhenlagen
Präsident Heron	mittel	Rostmilbe				warm
Rote Dechantsbirne	gering					warm
Rote Pfalzgräfin						mittlere Höhenlagen
Santa Maria	gering	Spitzendürre				Weinbauklima
Schweizer Wasserbirne	wenig			robust		Höhenlage
Sommermagdalene	mittel					mittlere Höhenlagen
Stuttgarter Geißhirtle	mäßig	Spitzendürre		frosthart		bis mittlere Höhenlagen
Superior	wenig					warm
Tongern	stark	Krebs, Wespenfraß, Birnengitterrost	Steinzellen	frostempfindlich		warm
Triumph v. Vienne	mittel	Bakterienbrand, Bleiglanz			Kupfer, Schwefel	warm
Uta		Vogelfraß		Holzfrost		warm
Verdi	stark					geschützt
Vereinsdechant	gering	Bakterienbrand, Vogel- und Wespenfraß	Chlorose	frostempfindlich		warm
Williams Christbirne	stark	Bakterienbrand, Birnenverfall, Birnblattsauger, Wespenfraß		frostempfindlich		bis mittlere Höhenlagen
Winter-Dechantsbirne	stark	Birnblattsauger		frostempfindlich	Kupfer, Schwefel	Weinbauklima

Die Quitte

Dicht aufgereiht sitzen die Früchte der Sorte 'Champion'. Sie gehört zu den spät blühenden und reifenden Sorten.

Quitten (*Cydonia oblonga*) gehören zu den ältesten, kultivierten Obstarten. Es scheint, dass sie seit der prähistorischen Zeit bis zum Industriezeitalter eine größere Bedeutung hatten als heute. Immerhin sollen sie schon seit 4000 Jahren bekannt sein.

Ein arabischer Prophet schrieb: *„Die Quitte hat in sich alles vereinigt, was den Menschen Genuss bereitet, und hat den Ruhm erlangt, dass ihr der Vorrang vor allen Früchten gebührt, gleichend dem Wein an Geschmack, dem Duft des Moschus an Geruch, dem ungemünzten Golde an Farbe und der Gestalt des Vollmonds an Rundung. Iss die Quitten, denn sie stärken Herz und Seele."*

Gibt es eine andere Obstart, die man als rundum nützlich und überaus heilkräftig bezeichnete, ob im Orient oder Okzident, da von ihr nahezu alles verwendet wurde: Holz, Wurzeln, Blätter, Blüten, Früchte, einschließlich der Kerne, Schalen und Flaum? Sie ist beeindruckend im Alter, wie die alten Bäume, die man bei uns überall dort findet, wo der Quittenanbau eine lange Tradition hat.

Im Garten hat die Quitte eigentlich nie eine gewisse Bedeutung verloren, wenn auch mancher Baum gerodet wurde, weil die Erntemenge zu hoch war oder der Feuerbrand für die Beseitigung sorgte. Neuerdings ist aber wieder eine steigende Nachfrage für Saft oder Brennware und auch in den Haushalten zu beobachten.

Botanik

Wie sehr viele Obstgewächse zählen auch die Quitten zur Familie der Rosengewächse. In der Unterfamilie der Apfelförmigen (*Maloidea*) haben es die Früchte der Kulturformen der drei wichtigsten Gattungen zu einer ansehnlichen Größe, Qualität und Bedeutung für die menschliche Ernährung gebracht.

Zierquitten (*Chaenomeles*) unterscheiden sich in ihrer Morphologie und Kulturgeschichte sehr deutlich von der echten Quitte. Es lohnt sich aber, die hübschen Ziersträucher anzubauen und ihre Früchte zu verwenden.

Geschichte

Die Quitte stammt sehr wahrscheinlich aus den Ländern östlich und südlich des Kaukasushauptkamms. Die ersten schriftlichen Hinweise stammen aus dem 4. Jahrtausend v. Chr. Im anatolischen Hochland wurden bei Ausgrabungen in den Ruinen der Hethiterhauptstadt Hattusa Tontäfelchen in sumerischer und babylonischer Sprache gefunden. Aus den Inschriften geht hervor, dass die Hethiter ihren Göttern Quitten und andere Früchte opferten und dazu das Quittenlaub als Unterlage verwendeten. Die Pflanzen, Samen, Heilmittel und Schmankerl gingen schon im Altertum mit auf Handels- und Entdeckungsreise. Entlang der alten Handelswege erreichte sie West- und Kleinasien, den nahen, mittleren und fernen Osten, Nordafrika, Süd- und Südosteuropa.

Vom Kernland des römischen Imperiums gelangte sie zusammen mit dem Wein in die nördlichen Provinzen und im Lauf

Birnenquitte in freier Landschaft

Historische Quittendarstellung im Kräuterbuch des Leonhard Fuchs (1542).

der Jahrhunderte schließlich auch nach Amerika, Australien, Japan und Südafrika. Heute wächst sie weltweit dort, wo ihr das Klima zusagt, auch in Ländern der subtropischen Klimazonen, wo Obstarten wie z. B. Äpfel nicht so gut gedeihen. Die Türkei hält derzeit einen Anteil von 25% an der weltweiten Quittenernte.

Der Name

Der griechische Dichter Alkmán (7. Jh. v. Chr.) bezeichnete sie als *„kodýmalon"*, aus *„malon"* (= runde „apfelartige" Frucht)" und *„kodý"* (ihr älterer kleinasiatischer Name). Die Griechen formten ihn (fälschlich) um zu *„kydónion* (mälon)", nach der antiken kretischen Stadt Kydonía. Daraus entstand das lateinische *„malum cydonium"*, die botanische Bezeichnung *„Cydonia oblonga"* und unser Begriff "Quitte".

Anbau bei uns im 20. und 21. Jahrhundert

Die Baumschule Späth in Berlin führte in ihrem Sortimentsbuch bis zu 24 Sorten. Sie waren nicht ständig vorhanden, sondern die Liste wurde um die Neuzugänge fortgeschrieben. „In Deutschland sind 15 Sorten im Angebot", schreibt Krüssmann 1950. In den neuen Bundesländern wurden die Quitten vor der Wende großflächig angebaut. Die Versorgung der Bevölkerung war wichtig und die Verwertung dementsprechend intensiv. In Wurzen fand von 1960 bis 1976 eine Sortenprüfung und in Magdeburg Untersuchungen zu den Inhaltsstoffen statt. 'Radonia' und 'Wudonia' wurden in Wurzen ausgelesen und waren ab 1970 als Sorten zugelassen. Die großfrüchtigen 'Klone 1, 2 und 3' sind verschollen. In Radebeul bestand bis zur Wende eine Anpflanzung mit 29 Sorten, altvertrauten und südamerikanischen.

Dagegen gab es in den alten Bundesländern keine größeren Bestände, bis zu der Zeit als an der Hochschule Geisenheim, im Fachgebiet Obstbau (H. Jacob) und Getränketechnik (H. Dietrich) intensiv zur Quitte geforscht wurde. Schwerpunkt war die Züchtung von neuen Sorten mit guter Fruchtqualität und Robustheit gegen Bakterien und Pilze. 1988 selektierte man die BQ 7-27, EQ 3-34, 'Cydora' (BQ 6-35) und 'Cydopom' (QE 8-48). 1989 kam 'Cydora Robusta' (QB 6-35) dazu. Diese Quitte erhielt 2006 EU-Sortenschutz, da sie sich als relativ stabil gegen Feuerbrand erwiesen hatte.

An der Prüfstelle Wurzen wurde ab 1996 ein Vergleich mit 70 bekannten und internationalen Sorten durchgeführt. Ab diesem Zeitpunkt ist die Quitte ganz sicher aus ihrem Dornröschenschlaf erwacht. Ganz vergessen war sie aber überall da nicht, wo sie eine lange Anbautradition hatte.

Bayern ist derzeit sicher das Bundesland mit den umfangreichsten Sammlungen. Auf Versuchsanlagen und Quittenwiesen, u. a. in Deutenkofen, Dillingen, Neumarkt, Regensburg, Veitshöchheim und Weihenstephan wachsen bis zu 60 „offizielle" Sorten. Selbst in nordbayerischen Regionen, wo Fachberater noch im letzten Jahrhundert den Anbau nicht empfahlen, gedeihen Quitten. In Untereisenheim entstand das „Fränkische Rekultivierungsprojekt Alter Quittensorten" mit dem weltweit ersten „Quittenlehrpfad" (2007) - Nachahmer folg(t)en.

Makellose Früchte verschiedener Sorten - bis in den April problemlos gelagert.

7 Äpfel wiegen weniger als eine 'Portugieser' , Fruchtgewicht bis 1.200 g.

Apfel-, birnen- und quittenförmige Früchte von 100-800 g. Die verbreitete Einteilung in zwei Typen wird dem Formenreichtum der Quitte nicht gerecht.

Eine gesunde Frucht

„*Alle Kraft der Quitten zu beschreiben, ist unmöglich*", steht schon bei Hieronymus Bock (1539). Mit der Quitte bietet uns die Natur eine Frucht mit ausgesprochen bemerkenswerten Inhaltsstoffen.

In der Medizin des Altertums und des Mittelalters war sie sehr angesehen. Sie wurde bei den griechischen, jüdischen und arabischen Ärzten bei Schwangerschaftsbeschwerden und als Mittel bei Diabetes mellitus empfohlen. Fructose und Saccharose sind in geringeren Mengen enthalten als bei Apfel und Birne. In der Volksheilkunde der Länder in Klein- und Westasien, Süd- und Südosteuropa und Südamerika verwendet man sie, sagt, sie sei medizinisch ein Segen, besonders die Wirkung auf Herz, Verdauungsorgane und Schleimhäute.

Starker Regen wäscht den schützenden Flaum ab.

In wärmeren Ländern kann man die Früchte direkt vom Baum essen. Auch einige der bei uns angebauten Sorten liefern feinfleischig-säuerliche, aromatische Früchte, die den Durst löschen, vorausgesetzt, sie reifen aus. Aber: die Geschmäcker sind bekanntlich verschieden, und eine Quitte ist nun mal keine saftige Birne.

Die Nachfrage nach naturreinen, unverschnittenen Quittengetränken ist gewachsen. Die Hersteller von Naturheilmittel- und Naturkosmetik zeigen großes Interesse an heimischen, zur Pflückreife geerntete Früchte. Obstbauern wagen den erwerbsmäßigen Anbau, trotz des Feuerbrands und der Bedenken von nicht so aufgeschlossenen Kollegen. Die Anfälligkeit der Quitte für diese bakteriologische Erkrankung ist nicht höher als die von Apfel und Birne, mit ähnlich großen Unterschieden von Sorte zu Sorte. Eine entscheidende Rolle schreibt man dem späteren Blütezeitpunkt, dem Umfeld und Alter der Pflanze zu.

Bei einer Reihe von Sorten ist eine Gliederung in apfelförmige und birnenförmige Früchte möglich, doch meistens ist die Form, auch innerhalb der Sorten, recht unterschiedlich. Allgemein gilt das Fruchtfleisch der Birnenquitten als saftiger, weicher und ärmer an Steinzellen als das der Apfelquitten, deren Fleisch zwar härter und trockener, aber aromatischer ist. Die Schale ist dünn, empfindlich und mit mehr oder weniger starkem, terpentinhaltigem Flaum überzogen, der sich mit zunehmender Reife auf einen kelchnahen Bereich zurückzieht. Er sollte vor jeder Verwertungsart unbedingt entfernt werden.

Der Quittenduft

Das „vornehme Aroma für Kenner“ ist mit keinem anderen vergleichbar. Es setzt sich aus 150 flüchtigen Verbindungen zusammen, beim Apfel sind's gerade mal 19. Es tritt nicht an jedem Standort, in jedem Jahr und bei jeder Sorte gleich intensiv auf. Das liegt u. a. an den Temperaturen kurz vor Reifebeginn. Warme, laue Septembernächte bringen nichts, maßgebend sind warme Temperaturen tagsüber und kühle bis (sehr) kalte Nächte. Der Duft ist kein Gradmesser für die Reife. Fehlt er, wird er sich nach dem Pflücken und am kühlen Lager eventuell noch einstellen. Wer zu lange darauf wartet und (zu) spät erntet, riskiert, dass sich das Pektin abbaut, das Fruchtfleisch verändert und Fleischbräune einstellt.

Quittenblüte

Gedrehter Stamm einer 100-jährigen Quitte. Die Borke ist teilweise abgestoßen - das ist bei Quitten aber normal und keine Krankheit.

Wuchs

Quitten sind mehrstämmige, baumartige Gehölze, die normalerweise 3 bis 6 m hoch und breit werden. Sie können weit über 100 Jahre alt werden. Wegen dieser Ausdehnung erscheinen sie für kleine Gärten nicht immer geeignet. Die Beispiele aus dem Erwerbsanbau zeigen jedoch, dass sie sich durch einen formierenden Schnitt durchaus auch beengteren Verhältnissen anpassen können.

Blüte

Die duftenden, ungestielten Blüten werden bis zu 7 cm groß und gelten als gute Bienenweide. Im Gegensatz zu Apfel und Birne beginnt die Blütenentwicklung in der Knospe erst im Herbst und setzt sich bei milder Temperatur über mehrere Monate fort. Das ist auch der Grund, weshalb die Quitten im Mai oder Juni erst nach allen anderen Obstarten blühen und somit von Spätfrösten verschont bleiben. Die meisten Sorten sind selbstfruchtbar. Der Fruchtansatz kann am einzeln stehenden Baum ohne Fremdbefruchtung über 90 % erreichen.

Pflanzung und Pflege

Grundsätzlich gilt: Wo Birnen wachsen können, gedeihen auch Quitten. Eine Jahres-Mitteltemperatur ab 9 °C (z. B. München) wird als ausreichend für den Wärmebedarf angesehen.

Standort: Bevorzugt werden warme, sonnige Lagen. In klimatisch nicht so begünstigten Gegenden eignet sich ein geschützter Standort, z. B. an einer Scheune oder am Spalier. Nördlich der Alpen reift sie, je nach Kleinklima, bis auf Lagen um 600 m Höhe aus. Im Schwarzwald fand man noch auf 1.000 m ausgewilderte Quitten.
Boden: Fast jeder Boden ohne Staunässe wird angenommen, besonders dann wenn er kalkarm und gut mit Kalium versorgt ist. Auf trockenen, mageren, steinigen Böden achte man auf ausreichend Feuchtigkeit und eine ausgewogene Nährstoffversorgung.
Frost: Länger anhaltende Temperaturen im Winter unter – 20 °C schaden der gesamten Pflanze, ebenso Spätfröste im Frühjahr unter – 6 °C den Blüten, Knospen und Jungfrüchten.
Unterlage: Bei Quitten werden die gleichen Unterlagen verwendet wie für Birnen, am häufigsten Quitte A und BA 29.

Wuchsformen: Der Busch bietet bessere Möglichkeiten der Regeneration als der Spindelbusch. Er eignet sich gut für kleinere Gärten. Die Quitte lässt sich jedoch nicht zu einer echten Spindel erziehen, wie man das von Apfel oder Birne kennt. Halb- und Hochstämme passen nicht in raue Gegenden. Niederstämme (40-80 cm hoch) erleichtern die Ernte.
Pflanzzeit: Wurzelnackte Jungpflanzen in raueren Gegenden im Frühjahr, in trockeneren wie Unterfranken im Herbst. Für Containerpflanzen gelten diese Empfehlungen nicht.
Pflanzabstand Busch: Im Hausgarten sind für den Busch 4 m um die Pflanze ideal, auch auf Wiesen. Dort sind von Pflanze zu Pflanze 4 und von Reihe zu Reihe 5 m angemessen.
Baumscheiben: Zum Abdecken dient locker aufgebrachter grober (alter) Kompost, trockener Gras- oder feiner Astschnitt bzw. gehäckseltes Stroh, Rindenmulch dagegen zehrt. Eventuell müssen Austriebe der Unterlage entfernt werden.
Blüte: Die Quitte gilt als ursprüngliche Kernobstart. Ihre Blütenentwicklung erfolgt spät. Die Winterknospe zeigt nicht an, ob sich aus ihr nur Blätter bzw. Blätter und Blüten entwickeln. Sie steht einzeln, nicht in Büscheln und erreicht bis zu 8 cm im Durchmesser. Sie wächst ohne Stiel, wie die Frucht auch. In den letzten Jahren blühte die Quitte nahezu gleichzeitig mit Apfel und Birne, d. h. ab Mitte/Ende April bis Anfang/Ende Mai.
Schneiden: Ein lockerer, gut durchlüfteter Innenbereich ist erstrebenswert, um eine gute Qualität der Früchte ohne Pilzbefall zu erzielen. Der erste Schnitt erfolgt meist beim Kauf in der Baumschule. Es ist notwendig, nur gelegentlich auszulichten und allzu starke senkrechte Triebe zu entfernen. Regelmäßige radikale Schnitte schaden, denn darauf folgen starke Holztriebe und der Ertrag geht zurück. Das Reißen und Brechen ist sehr umstritten.
Schnittzeitpunkt: Optimal ist von Januar/Februar bis Anfang März, wenn Fröste unter – 5 °C auszuschließen sind. Keinesfalls später im Jahr bei Temperaturen, die günstig für die Verbreitung des Feuerbrands sind. So riskiert man z. B. bei einem Sommerschnitt oder -riss eine späte Infektion.
Wasserschosser: Gelegentlich wird junges Fruchtholz, an dem im Folgejahr die schönsten Früchte wachsen, als Wasserschosser bezeichnet und entfernt.
Ertrag: Auf Quitte A veredelte Büsche oder Bäume gehen normalerweise ab dem vierten Jahr in den Vollertrag.
Ernte: Reife Früchte lassen sich abdrehen, die Kerne sind braun gefärbt. Die Pflückreife ist auch dann gegeben, wenn die typische Farbe und der Duft fehlen oder der Flaum noch vorhanden ist, z. B. bei den spätreifenden Sorten. In Bayern beginnt sie, je nach Sorte, ab Mitte September und endet spätestens vor dem ersten Frost.
Flaum: Er ist kein Zeichen der Unreife oder Reife, sondern Schutz vor Sonne und Regen. Vor jeder weiteren Verwendung muss er gründlich entfernt werden, da er Terpene enthält, die den Geschmack negativ beeinflussen. Durch Dauer- oder Starkregen wird er abgewaschen, oder – je nach Sorte, Standort und Schnitt – schwindet er, mit zunehmender Reife mehr oder weniger.
Sonnenbrand: Auf intensive Sonne reagieren Früchte mit roten Bäckchen, d. h. mit Sonnenbrand.
Rinde/Borke: Das schuppige Abblättern ist keine Erkrankung, sondern ein natürlicher Vorgang bei älteren Bäumen.
Perlung: Der Begriff wurde erstmals am Sortenamt verwendet. Nicht nur in Sachsen, auch in Regensburg und in Unterfranken wachsen Früchte, die im Kelchbereich eine Perlung aufweisen.
Düngung: Kann wegen des geringen Nährstoffbedarfs und der weit streichenden Wurzeln der Quitten in den meisten Fällen unterbleiben, wenn im Garten andere Kulturen gedüngt werden. Zu vermeiden ist einseitige Stickstoffdüngung zu. Kompostgaben sind vorteilhaft, wenn sie nicht zu kalkreich sind.
Sonstige Pflege: Quittenwurzeln wachsen dicht unter der Erdoberfläche. Deshalb sollten tiefere Hackarbeiten oder gar das Umgraben unterbleiben, um die Saugwurzeln nicht zu verletzen.

Schadfaktoren

Kalkreiche Böden verursachen Blattvergilbungen (Kalkchlorosen). Dadurch werden der Stoffwechsel und die Frosthärte oft stark gestört. Vorübergehende Abhilfe ist mit Eisenchelaten (Fetrilon oder Sequestren) zwar möglich, aber wirkungslos, wenn die Chlorose auf eine Verdichtung durch zu schweren Boden oder eine Ernährungsstörung zurückgeht.
Tierische Schädlinge: Bei uns treten derzeit nur die von Apfel und Birne bekannten Schädlinge auf.
Viren: Bei Quitte, wie auch bei Birne, tritt die Viröse Steinfrüchtigkeit auf. Meist wird Roden empfohlen, aber nach anderer Meinung kann man auch mit Pflanzenstärkungsmitteln etwas erreichen.
Pilze: Hier sind in erster Linie Monilia, Blattbräune, Braunfäule und echter Mehltau nennen. In niederschlagsreichen Gegenden, an schattigen Standorten, im dichten Innen- und Kronenbereich siedeln sich bei kühler und regenreicher Witterung in der Vegetationszeit Pilze an. Soweit es möglich und sinnvoll ist, sollten die befallenen Teile, wie z.B. Fruchtmumien, entfernt werden.

Feuerbrand an Quitte im fortgeschrittenen Stadium

Bakterien: Durch das Bakterium *Erwinia amylovora,* das den Feuerbrand auslöst, droht die größte Gefahr. Es überwintert in Trieben und Früchten. Um den Baum zu retten, wird das kranke Holz großzügig entfernt. Einige Sorten, aber auch immer wieder einzelne Pflanzen, haben sich als relativ widerstandsfähig gezeigt. Dabei spielt die Erziehungsform und das Alter keine geringe Rolle. **Fleischbräune:** Diese Stoffwechselstörung kündigt sich durch eine Nachdunklung der Schale oder dunkle, der Stippe ähnliche Punkte an. Mögliche Ursache ist u. a. ein aus dem Gleichgewicht geratener Mineralstoffhaushalt. Früchte von Sorten mit entsprechender Neigung sollten nicht zu spät geerntet und sofort verarbeitet werden. Fleischbräune kann sich schon am Baum oder erst am Lager zeigen. Sorten, die mehr als andere dazu neigen, sollte geerntet werden, wenn die Schalenfarbe von grün nach gelb umschlägt.

Sorten

Die Nachfrage nach guten Sorten ist gestiegen. Wer eine anonyme Apfel- oder Birnenquitte kauft, weiß nicht, welche Sorte sich hinter den zwei Gruppen verbirgt und ob sie für den Standort geeignet ist. Der Formen- und Sortenreichtum der Quitte ist viel größer als man es für möglich hält.

Wie viele Sorten und Typen es überhaupt gibt, ist unbekannt, zumal es, außer in Japan und der Türkei, keine genetischen Untersuchungen gibt. Man kann den zwei Typen keine speziellen Eigenschaften zuweisen. In der UPOV-Liste (Internationalen Verband zum Schutz von Pflanzenzüchtungen) wird die Obstart in fünf Gruppen unterteilt. Die Liste wurde erstellt an der Prüfstelle Wurzen des Bundessortenamts.

Reife, Anbaueignung

Bei der Quitte ist die Sortenvielfalt nicht so groß wie bei Apfel und Birne. Die Blüh- und Reifezeiten liegen nicht so weit auseinander. Das Bundessortenamt unterteilt die Obstart in früh-, mittel- und spätreifende Sorten. Die frühreifenden Sorten eignen sich gut für raue Standorte. Spätreifende passen in warme, klimatisch begünstigte Gebiete. In windreiche Lagen pflanzt man keine Sorten, deren große, schwere Früchte windanfällig bzw. am Stielansatz einreißen. Für kleinere Gärten ist die langsam- und schlankwachsende 'Mukatnaja' bestens geeignet.

Wo kaufe ich Quittenpflanzen?

Eine Suche im Internet kann zwar hilfreich sein, aber empfehlenswert ist durchaus der Kauf oder die Bestellung in einer Baumschule in der Nähe. Nur wenige Anbieter bieten mehr als zwei Sorten an. Es sind dies unter anderen die Baumschulen:
Baumgartner in 84378 Nöham; Brenninger in 84439 Steinkirchen Mustea in 97247 Untereisenheim; Ritthaler in 66882 Hütschenhausen; Walsetal in 37318 Dietzenrode/Vatterode; Wetzel in 69121 Heidelberg; Renner, Lorenz in 93138 Geistal-Lappersdorf

Erntezeit - nahezu alle Früchte lassen sich zsammen mit Quitten verarbeiten.

Bereczki

Entstehung Aufgefunden 1883 in Felighaza (Ungarn). Benannt nach dem ungarischen Pomologen Mate Bereczki. Andere Schreibweise: Beretzki

Bemerkung Die Sorte wird unterschiedlich in Fruchtform, Fruchtfleisch, Anbaueignung und Frosthärte beschrieben, da ihr in Ungarn zwei Typen zugeordnet werden: 'Bereczki bötermö' (Bereczkis Reichtragende), mit birnenförmigen Früchten wird als "die echte" 'Bereczki' und eine mit apfelförmigen Früchten, als Auslese unbekannter Herkunft bezeichnet.

Blüte Mittelfrüh. Hoch selbstfruchtbar.
Gute Befruchtersorte für 'Champion' und 'Vranja'.

Frucht Lang birnenförmig bis zylindrisch, mitunter keulenförmig, asymmetrisch, mit eingesenktem tiefem Kelch, der eng gerippt ist. Gewicht in Ungarn bis zu 1 kg, bei uns 200 – 500 g. Gutes Aroma.
Universelle Verwertung. Gut geeignet zum Brennen und Entsaften. Bestens auch für Mischsäfte mit Birne.
'Bereczki bötermö' färbt sich beim Kochen rötlich. Fleischbräune, Flaum und Steinzellen gering.

Reife Mittelfrüh, regelmäßige mittelhohe bis hohe Erträge. Lagerung je nach Jahr bis Ende Januar.

Baum Wuchs kräftig, aufrecht, mittlere bis kräftige Verzweigungen. Reift noch bis 500 – 600 m gut aus. Dennoch sollte auf einen guten Standort und einen nicht zu späten Triebabschluss geachtet werden.

Anbauwert Eine anbauwürdige, ertragreiche Sorte, mit hoher Qualität, die in Südosteuropa und auch bei uns häufig angebaut wird.

Champion

Doppelname 'Meisterquitte'

Entstehung Meech, Vineland, Staat New York (USA). Seit 1874 im Handel, 1889 in Frankreich erwähnt.

Blüte Spät, weitgehend selbstfruchtbar.
Gute Befruchtung durch 'Konstantinopler'.

Frucht Birnen- bis glockenförmig, unregelmäßig geformt. Gewicht 130 – 300 g. Schale bei voller Reife zitronengelb, leicht berostet. Eventuell vorhandener Flaum verschwindet dann. Guter Duft.
Fruchtfleisch hell, weißlich, fest, feinzellig, saftig und würzig. Steinzellen und Fleischbräune gering.

Reife Lagerung bis Dezember und noch darüber hinaus. Früchte sind sehr gut zu verarbeiten.

Ertrag Regelmäßig, mittelhoch bis hoch.

Anbauwert Bewährte, vielseitig verwertbare Sorte, die sich für alle Baumformen, auch Spaliere eignet.
'Champion' ist die ertragreiche Sorte, die in allen Ländern mit Quittenanbau, besonders aber in den USA verbreitet ist. Bei uns wird sie seit langem angebaut. In Südosteuropa wurde sie für Gattungskreuzungen verwendet.

Cydopom

Anbauwert

Die schöne, sehr anbauwürdige Quitte aus der Hochschule Geisenheim zeigte sich in Sachsen, Nieder- und Oberbayern relativ lange stabil gegen Feuerbrand.
Sie ist auch wegen weiterer sehr guter Eigenschaften überaus empfehlenswert.

Entstehung

Hochschule Geisenheim, FA 'Vranja', Klon QE8-48

Blüte

Früh.

Frucht

Apfelförmig. d. h. kugelig, weit gerippt. Gewicht 280 g und mehr. Duft sehr stark. Schale leuchtend quittengolden, in voller Reife ohne Flaum. Keine Rissbildung am Stielansatz.
Fruchtfleisch cremiggelb, angenehm süßsauer, roh essbar. Wenig Steinzellen. Fleischbräune nur bei zu später Ernte. Sehr gut zu verarbeiten, Lagerung gut bis in den Dezember

Reife

Reife früh, Ertrag früh und hoch.

Baum

Wuchs mittel bis stark, halbaufrecht. Klimatisch sehr robust.
Unempfindlich gegen Blattbräune.

Cydora

Entstehung	Hochschule Geisenheim, FA 'Vranja', Klon QB6-35
Blüte	Früh, selbstfruchtbar
Frucht	Zitronen- bis birnenförmig, Gewicht 310 g und mehr. Duft sehr intensiv. Schale leuchtend quittengelb, in voller Reife ohne Flaum, keine Rissbildung am Stielansatz. Fruchtfleisch creme hellgelb, ausgewogener milder Geschmack, angenehm süßsauer, roh essbar. Sehr gut zu verarbeiten. Wenig Steinzellen, Fleischbräune je nach Jahr und bei zu später Ernte. Lagerung gut bis Dezember
Reife	Früh. Ertrag früh und hoch.
Baum	Starkwüchsig. Klimatisch sehr robust. Unempfindlich gegen Blattbräune, wenig anfällig für Feuerbrand.
Anbauwert	Schöne und robuste Quitte. Wegen ihrer vielen guten Eigenschaften sehr anbauwürdig.

Cydora-Robusta

Entstehung 1989 aus 'Konstantinopeler' x 'Ronda' in der Hochschule Geisenheim. Züchter Prof. Jacob. Wegen ihrer hohen Widerstandsfähigkeit gegen Feuerbrand ausgewählt und zum EU-Sortenschutz angemeldet.

Blüte Mittelspät bis spät, selbstfruchtbar.

Frucht Ei- bis birnenförmig, Gewicht 280 g und mehr. Starker Duft. Keine Rissbildung am Stielansatz. Schale quittengelb, geringer Flaum.
Fruchtfleisch ausgeglichen süß-sauer, cremig-gelb. Steinzellen und Flaum gering. Flaum löst sich bis zur Pflückreife ab.

Ertrag Pflückreife früh. Ertrag mittel bis hoch, früh einsetzend.
Unbedingt ernten, wenn die Schale von grün nach gelb umschlägt, da die Früchte bei zu später Ernte und längerer Lagerung zur Fleischbräune neigen.

Baum Wuchs mittelstark, halb aufrecht, mittlere bis starke Verzweigung, klimatisch sehr robust. Robust gegen Blattbräune und Mehltau.

Anfälligkeit Gegen Feuerbrand, je nach Standort und Pflanze, relativ lange widerstandsfähig.

Anbauwert Die Sorte weist eine Reihe von Vorteilen auf, die Resistenz gegen Feuerbrand konnte aber nicht in allen Versuchsanpflanzungen bestätigt werden.
Spindelformen, enge Pflanzung sind möglich.

Lizenznehmer bei der „Artevos"-Gruppe

Hemus

Entstehung In Bulgarien, Kreuzung aus 'Pazardziska' x 'Ceská'.

Blüte Früh bis mittel.

Frucht Gleichmäßig, ohne große Schwankungen, breit birnenförmig gedrungen. Gewicht bis 500 g.
Schale bei voller Reife quittengelb. Duft ist mittelstark, sehr angenehm.
Fruchtfleisch hell, feinzellig, mit wenig Steinzellen ums Kernhaus. Gut roh genießbar.
Schalenbräune, Blattbräune, Stippe gering, keine Fleischbräune. Fruchtfäule sehr gering.
Flaum gering bis stark, schwindet in der Reife.
Sehr gut in der Küche zu verarbeiten.

Reife Mittel. Ertrag hoch und regelmäßig. Lagerung gut bis Januar.

Baum Wuchs mittelstark, aufrecht bis breitwüchsig, gute Verzweigung.

Anbauwert Dieser Sorte sollte man wegen ihres guten Anbauwertes sehr große Beachtung schenken. Auffällig ist der gesunde, ausgeglichene Wuchs.

Ispolinskaja

Entstehung Russland/Ukraine.
Der russische Name bedeutet "Die überdurchschnittlich große Quitte".

Blüte Mittelfrüh bis spät.

Frucht Breit eiförmig, Gewicht 300 g und mehr. In guten Lagen, in denen sie voll ausreifen kann, ist die Schalenfarbe hellgelb und der mittlere Belag geht gut ab. Aroma sehr fein. Fruchtfleisch feinzellig, hellgelb und mit sehr gutem Geschmack, roh essbar.
Steinzellen gering. Fleischbräune, Fäule, Schalenbräune und Stippe gering bis sehr gering. Sehr gute Verwertungseigenschaften.

Reife Mittel bis spät. Ertrag mittel bis hoch und regelmäßig. Lagerung bis Ende Januar.

Baum Wuchs stark aufrecht, mittel verzweigt. Wegen der mittleren bis späten Fruchtreife sollte sie in raueren Gegenden einen guten Standort erhalten.

Anbauwert Eine überaus empfehlenswerte Sorte. Wegen der ausgeglichenen Fruchtform und weiterer guter bis sehr guten Eigenschaften ist sie als besonders interessant einzuschätzen.
Bei der Sortenbewertung in Deutenkofen erreichte sie das beste Gesamtbild.

Konstantinopler

Entstehung Unbekannt. Alte Sorte, vermutlich aus der Türkei.

Frucht Sehr unterschiedlich geformt, auch am gleichen Baum. Hauptsächlich breitrund, kugelig bis hochkugelig, mit oder ohne Hals. Gewicht 250 – 500 g. Gutes Aroma.
Fruchtfleisch je nach Anbaubedingungen feinkörnig oder grobzellig, hellgelb, verhältnismäßig saftig, säuerlich, wenig Steinzellen. Schale vollreif quittengolden gefärbt, ohne Flaum, sonnenseitig mitunter rötlich gefärbt. Unbedingt ernten, wenn die Schale von grün nach gelb umschlägt, da zu spät geerntete Früchte stark zur Fleischbräune neigen.

Blüte Mittel, eingeschränkt selbstfruchtbar (einzeln stehende Bäume/Büsche liefern aber immer wieder regelmäßige, mittelhohe bis reiche Erträge).

Reife Mittel. Sehr gute Verwertungseigenschaften. Lagerung je nach Anbaubedingungen bis Dezember

Baum Mittelstarker, breit aufrechter, gut verzweigter, Wuchs.

Anfälligkeit Weniger anfällig für Feuerbrand, auch sonst sehr robust.

Anbauwert Diese alte, genügsame Sorte ist weit verbreitet und gehört zum Standardangebot der Baumschulen. Unterschiedliche Aussagen, sowohl zur Befruchtung, Frosthärte und Feuerbrandanfälligkeit. 'Konstatinopler' gilt als etwas kalkempfindlich. Als Unterlage wird BA 29 empfohlen.

Krimska

Entstehung Ukraine. Dort ist sowohl die 'Krimska rannja', die früh reifende, als auch die 'Krimska aromatnaja' bekannt, die bei uns verbreitet ist.

Blüte Früh.

Frucht Kugelförmig. Schale glatt, glänzend, quittengolden in voller Reife nahezu ohne Flaum, Duft sehr intensiv. Gewicht 300 – 600 g. Fruchtfleisch feinzellig, süß-säuerlich. Roh gut essbar, hoher Zuckergehalt im Saft. Vielseitige Verwendung in der Küche. Keine oder sehr geringe Fleischbräune und Schalenbräune, Stippe und Steinzellen. Sie neigt, wie viele feinfleischige Sorten, etwas zur Fäule.

Reife Früh. Ertrag reich und regelmäßig. Lagerung je nach Anbaubedingungen von Oktober bis November.

Baum Die Wuchsform ist abhängig vom Behang, meist halb aufrecht bis breitwüchsig. Im raueren Klima gute Erfahrungen mit der Reife, dennoch sollte wegen der frühen Blüte auf ein gutes Kleinklima geachtet werden.

Anbauwert Die Sorte gehört zweifellos zu den derzeit interessantesten Quitten für den Verbraucher. Sie zeichnet sich durch einen reichen Behang und sehr gute Fruchteigenschaften aus, eignet sich zum Rohessen und für den Anbau in raueren Gegenden

Lescovacz

Voller Name 'Riesenquitte von Lescovac'

Bemerkung 1890 in Lescovac, Serbien, entstanden.
In Ungarn ist eine kleinfrüchtige kugelförmige, gerippte 'Leszkovácka' und eine 'Leskováci' (Riesenquitte) bekannt

Blüte Mittel bis früh. Nicht völlig selbstfruchtbar. Ertragssteigernde Sorten sind 'Bourgeaut', 'Bereczki', 'Portugieser'.

Frucht Sehr unterschiedlich, auch in einer Krone, hauptsächlich aber weit flachkugelig, mittelbauchig, mit weiten, durchgehenden Rippen. Guter Duft. Gewicht 150 – 500 g (in Serbien sollen die Früchte auch bis zu 1500 g schwer werden).
Schale wenig befilzt, daher sonnenseitig mitunter rötlich gefärbt.
Fruchtfleisch saftig, hellgelb, bleibt beim Kochen hell. Meist wenig Steinzellen. Sehr gut in der Küche zu verarbeiten.

Reife Mittel bis früh.

Ertrag Je nach Herkunft mittelhoch bis sehr hoch. Lescovacz gehört zu den Sorten, die unbedingt geerntet werden sollten, wenn die Farbe von grün nach gelb wechselt, da sie bei zu später Ernte zur Fleischbräune neigt.
Lagerung je nach Anbaubedingungen bis Dezember

Baum Wuchs stark bis Mittelstark, kräftig. Leitäste steil aufrecht, sympodial verzweigt. Sehr frosthart.

Anbauwert Eine altvertraute, weit verbreitete, ertragreiche und anbauwürdige Sorte von guter Qualität. Sie wurde viel in der Züchtung verwendet.

Limon Ajvasi

Entstehung Türkei

Blüte Früh bis mittelfrüh.

Frucht Tropfenförmig, asymetrisch, Schale in voller Reife ohne Flaum, in hellem Quittengold glänzend. Mäßige, sortentypische Berostung. Duft sehr stark. Gewicht 100 – 400 g. Fruchtfleisch feinzellig, saftig, hellgelb irisierend, mit zitronigem Geschmack. Roh essbar. Steinzellen nur ums Kernhaus, ohne Fleischbräune. Sehr gut in der Küche verwertbar.

Reife Früh bis mittelfrüh. Ertrag mittel bis hoch, je nach Standort. Lagerung bis Dezember.

Baum Der Wuchs ist mittelstark und aufrecht.

Anbauwert In ihrem Herkunftsland eine sehr angesehene Sorte, die weltweit immer mehr Verbreitung findet. Sie fällt durch ihre attraktiven Früchte auf, hohe Ernteerträge und Ausbeuten beim Pressen, überdurchschnittlich hohen Zuckergehalt im Saft.
Die Sorte war lange stabil gegen Feuerbrand.

Muskatnaja

Herkunft Russland

Bemerkung Die Fruchtform stimmt mit der in der Baumschule Späth vor 1950 angebotenen 'Muskatquitte' nicht überein

Blüte Mittel bis mittelspät.

Frucht Nahezu ei- bis fassförmig, gestreckt. Der etwas stärkere flaumige Belag geht in voller Reife ab. Schalenfarbe in hellem Quittengold, gelegentlich mit winzigen braunen Lentizellen. Duft sehr angenehm, intensiv. Fruchtfleisch feinzellig, hellgelb irisierend, aromatisch. Gewicht 150 – 300 g. Steinzellen nur ums Kernhaus, wenig bzw. ohne Fleischbräune.

Reife Mittel bis mittelspät. Ertrag regelmäßig, mittel bis gut.

Baum Wuchs langsam, aufrecht.

Anbauwert Die Sorte wächst auffallend langsam und zierlich, eignet sich deshalb hervorragend für kleine Gärten und Vorgärten.
Die Fruchtqualität ist sehr gut, der Geschmack angenehm aromatisch. In Deutenkofen erzielte man eine der höchsten Saftausbeuten und das beste Ergebnis als weichfleischigste Sorte.
Wegen dieser guten Fruchteigenschaften sollte man der Sorte besondere Beachtung schenken.

Portugieser

Voller Name 'Portugiesische Quitte'
Weiterer Name: 'Portugiesische Birnenquitte'

Entstehung Unbekannt, vermutlich Portugal.
Im Katalog der Baumschule Bunyard wurde sie 1611 als 'Lusitanica' erstmals schriftlich erwähnt. In Großbritannien erstmals 1630 beschrieben mit apfelförmigen Früchten.

Blüte Verhältnismäßig früh, selbstfruchtbar.
Gute Befruchter: 'Champion', 'Bereczki'

Frucht Form unregelmäßig, apfel- und birnen-, aber auch typisch quittenförmig. Duft sehr gut.
Gewicht 200 – 1200 g.
Fruchtfleisch saftig, weißgelb, wird beim Kochen rötlich.
Ernten, wenn die Schale von grün nach gelb umschlägt, da die Früchte bei zu später Ernte zur Fleischbräune neigen. Vorsicht auch bei stippeähnlichen braunen Pünktchen, die auf die beginnende Fleischbräune hinweisen.
Steinzellen nur ums Kernhaus.
Eine ausgewogene Ernährung beeinflusst die Fruchteigenschaften.

Reife Früh, ab Ende September, ziemlich windfest.
Etwa 5 Wochen haltbar.

Baum Sehr starker, aufrechter Wuchs mit mäßig verzweigten Ästen, mittelhoch. Frostempfindlich im Holz.

Standort Weniger anspruchsvoll an den Boden. Ein geschützter Standort und wärmere Lagen sind empfehlenswert.

Anfälligkeit Stark anfällig für Feuerbrand, Stippe und Fleischbräune.

Ertrag Höchstens mittelhoch.

Anbauwert Diese alte Sorte ist noch immer anbauwürdig und weit verbreitet, auch wenn die Sorte heute etwas an Bedeutung verloren hat. Für einen Anbau spricht die hohe Saftausbeute und gute sensorische Note.

Radonia

Herkunft In Wurzen als Sämling ausgelesen.

Bemerkung Der Name setzt sich zusammen aus Radebeul und Cydonia. Ähnlichkeiten mit der 'Rea's Mammoth'. In der DDR 1980 als Sorte zugelassen.

Blüte Mittel bis mittelspät, wahrscheinlich selbstfruchtbar.

Frucht Birnenförmig, mittelbauchig, kantig. Form mitunter unregelmäßig und bizarr-barockgeformt. Gewicht 200 – 1.200 g. Schale goldgelb. Sehr guter Duft.
Fruchtfleisch gelblich-weiß, feinkörnig. Bei ausgewogener Ernährung wenig Steinzellen und gute Struktur.
Gut für Saft und in der Küche. Starke Neigung zu Fleischbräune. Daher sollte man sie unbedingt ernten, wenn die Schale von grün nach gelb wechselt .

Baum Wuchs mittelstark, kompakt, strauchartig. Mittel bis stark verzweigter attraktiver Busch.

Anbauwert Eine ertragreiche Sorte mit großen Früchten, die inzwischen in ganz Deutschland weit verbreitet ist.
Sehr saftreich, wenn die Anbaubedingungen stimmen.

Ronda

Herkunft Wädenswill (Schweiz). Entstanden 1940/1966 als Sämling von 'Rea's Mammoth'. Seit 1984 im Handel.

Blüte Mittel bis mittelfrüh. Selbstfruchtbar.

Frucht Rundlich, birnen-, d. h. stumpf kegelförmig, wenig berippt. Schale flaumig, grünlichgelb. In voller Reife quittengelb, glänzend, mit unscheinbaren Lentizellen. Flaum geht gut ab. Gewicht: 200 – 500 g. Duft sehr gut, verstärkt sich im kühlen Obstlager.
Fruchtfleisch hellgelb, feinkörnig. Geschmack gut, feinsäuerlich. Steinzellen nur ums Kernhaus, kaum Fleischbräune.
Sehr gut und vielseitig zu verarbeiten. Die Lagerung ist bis Anfang Februar möglich.

Reife Mittel bis mittelfrüh.

Ertrag Früh, gut und regelmäßig.

Baum Mittelstarker bis starker Wuchs. Aufrecht, breite Kronenform, gute Verzweigung. Kaum frostempfindlich, sehr robust.

Anbauwert Diese robuste Sorte trägt regelmäßig und reich. Sie gilt als selbstfruchtbar, aber wie bei vielen Quittensorten steigt der Ertrag durch Fremdbestäubung
Zwar wird der Anbau im milden Klima empfohlen, aber sie bringt in Niederbayern und der Oberpfalz auch auf 500 m gute Erträge.

Triumpf

Herkunft Bulgarien

Blüte Mittelfrüh.

Frucht Birnenförmig, unregelmäßig. Früchte in voller Reife ohne Flaum, Schale leuchtet quittengolden. Duft mittel bis stark. Gewicht 300 – 450 g.
Fruchtfleisch hell, weißlichgelb, feinzellig. Steinzellen mittel, nur um das Kernhaus. Geschmack aromatisch süß-sauer.
Die Früchte lassen sich in einem guten Obstlager sehr lange bis Mitte Januar lagern. Die Schalenfarbe und der Duft sind zu dem Zeitpunkt noch sehr gut.
Sehr gut und vielseitig in der Küche zu verarbeiten.

Ertrag Mittelhoch, regelmäßig.

Baum Wuchs mittelstark, aufrecht. Gut verzweigt.

Anbauwert Eine der attraktivsten Quittensorten, mit sehr hohen Anbauwert. In Bulgarien gehört sie zu den meist angebauten Sorten. Dort zeigte sie sich u.a. stabil bei tiefen Temperaturen und bei Feuerbrand relativ robust.
Die Früchte sind ansehnlich, duften gut, haben eine schöne Schalenfarbe, eine gute Struktur und einen angenehmen Geschmack.

Turunchukskaja

Anbauwert 'Turunchukskaja' gehört zweifellos zu den derzeit besten Sorten. Dafür sprechen die sehr guten Anbaueigenschaften und die Fruchtqualität.

Herkunft Russland.
Andere Schreibweisen: 'Turuncuskaja', 'Turunchuksaya'

Blüte Früh.

Frucht Breit kugelförmig, Kelchgrube tief, Rippung gering bis mittel. Schale glatt, glänzend und quittengolden. Bei voller Reife nahezu ohne Flaum. Duft sehr intensiv. Gewicht ca. 300 g. Fruchtfleisch hell, feinzellig, angenehmer, süßsäuerlicher Geschmack. Hoher Zuckergehalt. Roh essbar.
Bei ausreichender Feuchtigkeit Steinzellen nur ums Kernhaus. Ausgezeichnete Verwendung in der Küche. Keine oder nur geringe Fleischbräune, Schalenbräune sehr gering. Gut bis Mitte Januar zu lagern

Ertrag Hoch und regelmäßig.

Baum Wuchs mittelstark, aufrecht bis breit.

Úspêch

Herkunft	Russland (auf Deutsch "Erfolg")
Blüte	Früh bis mittelfrüh. Selbstfruchtbar.
Frucht	Fruchtform sowohl breit- und auch hochkugelig, nahezu fassförmig. Schale in voller Reife hell quittengelb, ohne Flaum. Fruchtfleisch aromatisch, süß-säuerlich, feinzellig, Duft sehr gut. Gewicht 200 – 400 g. Fleischbräune und Steinzellen sehr gering.
Ertrag	Reife mittel, Ertrag hoch.
Baum	Der Strauch wächst halb aufrecht. Gesamtwachstum der Krone ist schwächer bis mittel.
Anbauwert	Die attraktive, robuste Sorte liefert regelmäßige hohe Erträge, sowohl beim Ernten als auch beim Pressen. Der Zuckergehalt des Safts ist beindruckend hoch und der Geschmack sehr gut. Relativ robust gegen Feuerbrand und andere Erkrankungen. Knospen und Blüten relativ frosthart. Eine hochanbauwürdige Sorte.

Vranja

Entstehung 1898 in Vranja, Serbien, entstanden. Weiterer Name: 'Riesenquitte von Vranja'

Bemerkung Mitunter wird angegeben, dass 'Vranja' mit 'Bereczki' identisch sei. Das trifft nicht zu. Die zwischen diesen beiden schon lange bekannten Sorten unterscheiden sich deutlich.

Blüte Mittel, sehr zierend. Selbstfruchtbar. 'Vranja' wird als gute Befruchtersorte empfohlen.

Frucht Birnenförmig, höckerig. Schale glatt, quittengelb, weit gerippt. Der starke Filz verliert sich während der Reife.
Fruchtfleisch hellgelb, fest, feinkörnig, Steinzellen mittel, evtl. nur um das Kernhaus. Guter Duft.
Gewicht 200 – 850 g. In Serbien erreichen die Früchte bis zu 1 kg.
Die Fruchtqualität gewinnt stark durch eine ausgewogene Ernährung.

Reife Mittel, ab Anfang Oktober. Nicht zu spät ernten, sonst kann Fleischbräune auftreten. Sofort zu verarbeiten.

Ertrag Auf guten Standorten hoch bis sehr hoch und regelmäßig. In guten Jahren können rekordverdächtige Ernten erzielt werden.

Baum Wuchs ist stark, aufrecht, mit schräg aufrechten Leitästen. Zunächst gut verzweigt, im Alter etwas kahler werdend und bei gutem Fruchtbehang auch überhängend.

Standort Wärmere Lagen mit eher leichten, nährstoffreichen Böden werden bevorzugt. Keine schweren und kalkreiche Böden (pH über 7).

Anfälligkeit Mäßig für Feuerbrand, leicht anfällig für Mehltau. Mittlere Chloroseanfälligkeit. Deshalb bietet sich BA29 als Unterlage an.

Anbauwert Die Früchte dieser alten Sorte entsprechen dem Typ Birnenquitte. Sie ist fast überall dort bekannt und verbreitet, wo Quitten gedeihen Wenn die Anbaubedingungen stimmen, wird eine gute Fruchtqualität erzielt, mit wenig Steinzellen und Fleischbräune.
Die Früchte sind bei Saftproduzenten und Brennern gefragt.

Wudonia

Name Hergeleitet aus „Wurzen“ und „Cydonia“.

Entstehung In der Obst-Versuchsstation Wurzen, vermutlich generativ aus 'Konstantinopler'. Seit 1970 im Handel.

Blüte Spät, ab Ende Mai, hellrosa. Nicht witterungsempfindlich. Wahrscheinlich selbstfruchtbar.

Frucht Kugelig mit braunem Hals, Flaum stark, geht bei voller Reife gut ab. Schale quittengelb, leicht berostet. Gutes Aroma. Gewicht 160 bis 400 g.
Fruchtfleisch gelb, fest, aromatisch, ums Kernhaus etwas steinzellig. Sehr gut in der Küche zu verarbeiten. Lagerung bis Februar.

Reife Spät, ab Ende September.

Baum Wuchs mittelstark, Leitäste schräg aufwärts gerichtet, fast waagerecht.
Im Holz beachtlich frosthart. Etwas trockenempfindlich. Zur Verbesserung der Fruchtqualität ausreichend wässern.

Ertrag Hoch und regelmäßig.

Anbauwert Empfehlenswerte Sorte für die häusliche Verwertung. Robust, forsthart.
Weit verbreitet und wegen ihrer regelmäßigen Erträge geschätzt.

Scheinquitte Cido

Namen
Botanischer Name: *Chaenomeles japonica* var. *pomifera-inermis*.
Auch 'Nordische Zitrone' oder 'Rosenquitte' genannt.

Entstehung
Die japanischen Scheinquitten wurden 1874 bei uns eingeführt. Danach gab es zahlreiche Kreuzungen, die zunächst als Ziergehölze Bedeutung hatten. Die Sorte 'Cido' entstand in Lettland, Züchter Albert Tics.

Frucht
Apfelförmig, bis 5 cm Durchmesser. Schale dick, glatt, zäh, stark duftend.
Fruchtfleisch fest bis hart, saftig, sehr herb und aromatisch. Nicht zum Rohverzehr.
Verwertung vorwiegend zu Saft.

Reife
Je nach Standort ab Mitte September. Das Aroma nimmt mit der Vollreife noch zu. Bis zur Verwertung etwa 6 Wochen haltbar.

Strauch
Höchstens 150 cm hohe und breite, dicht verzweigte und unbedornte Sträucher. Vollkommen frosthart im Holz. Kein Schnitt zur Ertragsregulierung nötig.

Standort
Beste Standorte sind leichte, möglichst nährstoffreiche, leicht saure Böden bis in raue Höhenlagen. Der Nährstoffbedarf ist sehr gering. Auf kalkhaltigen Böden kann Chlorose auftreten. Schwere Böden lassen sich mit Sand verbessern.

Anfälligkeit
Besonders in feuchten Warmlagen nicht feuerbrandfest. Sonst kann gering Fruchtschorf auftreten, der aber sehr selten die Schadschwelle erreicht.

Blüte
Sehr zierend, rot. Je nach Standort bereits Anfang April, sehr lange anhaltend. Nicht selbstfruchtbar, Befruchter können andere *Chaenomeles*-Arten in der Nähe sein.
Gelegentlicher Spätfrostschaden betrifft nicht den gesamten Blütenbesatz und wirkt sich deshalb nicht ertragsmindernd aus. Ausgezeichnete Bienenweide.

Ertrag
Verhältnismäßig hoch, etwa 2 kg pro Strauch, regelmäßig.

Anbauwert
'Cido' ist in Lettland, neben Apfel und Erdbeere, die wichtigste Obstart und wird dort erwerbsmäßig auf großen Flächen angebaut. Bei uns ist sie sowohl attraktiver Blütenstrauch, als auch Ersatz für die Quitte, nicht nur in rauen Höhenlagen.
Weitere Sorten des Züchters Tics sind 'Agra', 'Agrita', 'Arta', 'Alfa' (die sich allerdings nicht bewährt haben).

Nashi, die Asienbirnen

Die Asienbirnen sind weltweit von größerer Bedeutung als unsere europäischen Birnen, wohl auch deshalb, weil sie in den fernöstlichen Ländern eine außerordentlich lange Anbautradition haben. In ihrem Ursprungsland China kultiviert man sie schon seit über 3000 Jahren. Die Bezeichnung Nashi stammt aber aus Japan und bedeutet zu deutsch Birne.

Pflanzensystematisch gehören die Asienbirnen in die Familie der Rosengewächse und zur Gattung *Pyrus*. Sie sind mit unseren Birnen (*Pyrus communis*) nahe verwandt. Die gelegentliche Bezeichnung „Apfelbirne" ist aber unzutreffend, denn es ist keine Kreuzung zwischen Apfel und Birne, sondern eine eigene Art.

Man unterscheidet zwei Gruppen: apfelfrüchtige Züchtungen japanischer Herkunft (*Pyrus pyrifolia*, früher *P. serotina*) und die birnenfrüchtigen Züchtungen aus China, die auf *Pyrus ussuriensis* zurückgehen.

Versuche, unsere heimische Birne mit einer Nashisorte zu kreuzen, gelangen 1985 dem Züchter Peter Hauenstein in der Schweiz mit der Arthybride 'Benita' ('Hosui' × 'General Leclerc'). Auch aus Australien wird von einer Kreuzung mit der Birne 'Vereinsdechant' berichtet, die den Namen 'Tosca' erhielt.

Kommerzieller Anbau von Nashi in Japan

Die Früchte

Nashifrüchte fallen äußerlich durch ihre unterschiedliche Schalenbeschaffenheit auf. Während man bei uns mehr die apfelförmigen, berosteten Sorten (u.a. 'Hosui') bevorzugt, neigt man in Japan mehr zu den gelben, glattschaligen wie 'Nijiseiki'.

Geschmacklich sind die Nashi kein großes Erlebnis, v. a. nicht, wenn sie zu spät geerntet wurden. Dann bilden sich oft glasige Stellen im Fruchtfleisch oder sie erhalten einen befremdend dumpfen Geschmack. Meistens ist das Fruchtfleisch mit kleinen Steinzellen durchsetzt. Sie schmecken dann etwas „sandig". Ansonsten sind die Nashis außerordentlich saftig, knackig und süß, mit einem neutralen oder leichtem Melonenaroma, das sich mit zunehmender Reife steigert. Der Vitamin-C-Gehalt ist mit 2 mg pro 100 g Fruchtgewicht vergleichsweise gering.

Trotz aller Geschmackseigenheiten verglichen mit Birnensorten können die Asienbirnen durch ihre großen, lange anhaltenden Blüten, ihre glänzenden Blätter und den meist überreichen Fruchtbehang durchaus einen Gartenwert beanspruchen. Am Baum hängen die Früchte windfest und fallen zur Reife nicht ab. Deshalb sind sie in mehreren Durchgängen zu ernten. Sie sind reif, wenn sich die Grundfarbe aufhellt. So sind sie auch am längsten haltbar.

Der Standort

Asienbirnen sind sehr anspruchsvoll und verlangen einen nährstoffreichen, tiefgründigen Boden, eine hohe Luftfeuchtigkeit und viel Wärme. Sie gedeihen am besten in Weinbaulagen. Auf schweren oder kalkreichen Böden kann Blattvergilbung (Chlorose) auftreten, gleichzeitig wird die Magnesiumaufnahme blockiert. Andererseits äußern sich Zink- und Bormangel in leichten, sehr durchlässigen Böden durch kleine und verkrüppelte Früchte.

Die Bäume sind aber erstaunlich frosthart im Holz. Die frühe Blüte (kurz nach dem Pfirsich) leidet aber bei nasskalter Witterung und vor allem bei Spätfrösten. Auch Windlagen sind wegen der empfindlichen Fruchtschale problematisch.

Blühender Nashibaum

Blüte und Fruchtbarkeit

Nur die Sorte 'Nijiseiki' gilt als selbstfruchtbar. Alle Sorten sind untereinander befruchtungsfähig, auch durch europäische Birnen. Die meisten der vielen Blüten setzen normalerweise auch Früchte an, die sich nicht selbst durch einen ausdünnenden Junifruchtfall vermindern können. Nach der Blüte muss also mit der Schere energisch ausgedünnt werden. Der Abstand von Frucht zu Frucht soll etwa 15 cm betragen. Andernfalls bleiben die Früchte klein und schmecken fade. Ohne Fruchtausdünnung kann sich der Baum auf die Dauer derart erschöpfen, dass er frühzeitig vergreist und der Ertrag schließlich ganz ausbleibt.

Schadfaktoren

Der **Feuerbrand** ist für alle Sorten gefährlich, wobei 'Nijiseiki' als hochsensibel gilt.
Gegen den **Birnenblattsauger** muss frühzeitig etwas unternommen werden, denn er gilt als Überträger der Birnenverfall-Krankheit, die nicht zu bekämpfen ist.
Blattläuse spielen eine geringere Rolle, doch können sie möglicherweise Viruskrankheiten übertragen.
Vögel und Wespen richten die auffälligsten Schäden an den süßen, saftigen Früchten schon vor der Reife an. Anschließend tritt in der Regel Fruchtfäule ein. Dieses Problem ist bei den gelben Sorten besonders groß. Zum Schutz werden in Erwerbsanlagen ganze Flächen mit Vogelnetzen überspannt. Im Hausgarten hüllt man die Früchte besser einzeln in Faservlies. Das ergibt eine zarte Schale und hält gleichzeitig auch den Apfelwickler fern.

Chojuro

Name	Japanisch, auf deutsch „Langes Leben"
Frucht	Apfelförmig, groß, gleichmäßig rund. Schale dick und fest, druckempfindlich. Fein dunkel bronzefarben berostet. Fruchtfleisch grobzellig, geschmacklich eine der besseren Sorten.
Reife	Mitte September mit hohen Erträgen.
Wuchs	Mittelstark bis stark, gut garnierte Äste.
Sonstiges	Widerstandsfähig gegen Schorf.

Hosui

Name Japanisch, auf deutsch „Überfluss“

Frucht Apfelförmig, mittelgroß bis groß.
Schale dick und fest, druckempfindlich.
Dunkel bronzefarben berostet.
Fruchtfleisch feinzellig, sehr saftig, mit einem angenehmen Geschmack.

Reife Anfang September, es darf keinesfalls spät geerntet werden. Mehrmaliges Durchpflücken ist erforderlich.

Wuchs Stark, mit breitem Wuchsbild. Fast waagerechte Aststellung.

Sonstiges Hohe Erträge, deshalb zielt der Schnitt v. a. auf den Erhalt der Wuchskraft. Erhältlich in den meisten Baumschulen.

Kumoi

Frucht Apfelförmig, mittelgroß.
Schale dick, fest, hell bronzefarben berostet.
Fruchtfleisch etwas grob, enthält Steinzellen.
Geringer bis mittlerer Geschmack.

Reife Mitte August mit mittelhohen Erträgen.

Wuchs Mittelstark mit steilen Gerüstästen, später hängend.

Sonstiges Anfällig für Feuerbrand.

Nijiseiki

Name	Japanisch, auf deutsch „20. Jahrhundert“
Frucht	Apfelförmig, mittelgroß bis groß. Schale glatt, grüngelb, ohne Berostung. Fruchtfleisch fast ohne Steinzellen, mäßig saftig, eher geschmacksneutral.
Reife	Mitte September mit sehr hohen Erträgen.
Wuchs	Mittelstark bis stark.
Sonstiges	Weltweit die am häufigsten angebaute Sorte. Gilt als selbstfruchtbar. Sehr anfällig für Feuerbrand.

Shinsui

Name	Japanisch, auf deutsch „Frisches Wasser“
Frucht	Apfelförmig, klein bis mittelgroß. Schale dick, zäh, hell berostet. Fruchtfleisch fest, sehr saftig, mit schwachem Aroma und wenigen Steinzellen.
Reife	Anfang September mit sehr geringen Erträgen.
Wuchs	Schwach bis mittelstark, die Vergreisung tritt nach wenigen Jahren ein.
Sonstiges	Anfällig für Krebs.

Adressen der Standorte der Sichtungsbäume bei den Birnensorten

AHNU Bad-Schönborn, Arbeitskreis Heimat, Natur und Umwelt Bad Schönborn e. V., Bahnhofstraße 38, 76669 Bad Schönborn
Artevos Obstneuheiten, Alte Karlsruher Str. 8, 76227 Karlsruhe, Tel. 07 21/94 48 07, www.artevos.de
Bundessortenamt, Prüfstelle Wurzen, Torgauer Straße 100, 04808 Wurzen, www.bundessortenamt.de
Deutsche Genbank Obst Dresden-Pillnitz, Bergweg 23, 01326 Dresden-Pillnitz, www.deutsche-genbank-obst.de
Hochschule Geisenheim, Von-Lade-Str. 1, 65366 Geisenheim, www.hs-geisenheim.de
Hochschule Weihenstephan-Triesdorf, Am Hofgarten 4, 85354 Freising, www.hswt.de
Kompetenzzentrum Obstbau-Bodensee, Schuhmacherhof 6, 88213 Ravensburg-Bavendorf, www.kob-bavendorf.de
Landwirtschaftliche Lehranstalten Triesdorf, 91746 Weidenbach, www.triesdorf.de
LLFA Neustadt/Weinstraße, Staatliche Lehr- und Forschungsanstalt für Landwirtschaft Weinbau und Gartenbau, Breitenweg 71, 67435 Neustadt an der Weinstraße - Mußbach
LVA Quedlinburg, Badebornerweg 2, 06484 Quedlinburg
LWG Veitshöcheim, Bayerische Landesanstalt für Weinbau und Gartenbau, An der Steige 15, 97209 Veitshöchheim, www.lwg.bayern.de
Oberversuchsanstalt Jork, Moorende 53, 21635 Jork
Pomona Franconica Merkendorf, Hauptstraße 56, 91732 Merkendorf
Reiserschnittgarten Baden-Württemberg, Comburgstr. 31/1, 74177 Bad Friedrichshall-Untergriesheim, www.reiserschnittgarten.de (früher: Reiserschnittgarten Weinsberg)
Rhöner Apfelinitiative, Jürgen Krenzer, 36115 Ehrenberg-Seiferts, www.rhoenapfel.de

Bildnachweis:

Artevos GmbH: *90*
Bayerischer Landesverband für Gartenbau und Landespflege: *15, 20, 26, 51, 78, 129 lo*
Jacobus Tabernaemontanus "Neu vollkommen Kreuterbuch" (1731): *7-11*
Katorisi, Wikipedia Commons (lizenziert unter GNU-Lizenz für freie Dokumentation): *152 lu*
Lubera AG: *73*
Matin - fotolia.com: *152 ro*
Mühl Franz: *Titelbild, 6, 14, 19, 21, 24-25, 27-35, 37, 39-40, 43-50, 52-70, 72, 74-77, 79-89, 91-94, 96-115, 117-119, 150, 153-155*
Schirmer Monika: *124-127, 129 ru, 130-149*
Siegler Hubert: *22, 33, 36, 38, 41-42, 71, 95, 116*

Aus dem Verlagsprogramm

Obst

Willi Votteler

Altbewährte Apfel- und Birnensorten

Dieses Buch zeigt speziell für den Hausgarten bewährte Apfel- und Birnensorten, die noch in rauen Lagen gedeihen, gut schmecken und nur wenig Pflanzenschutz- und Schnittmaßnahmen benötigen.
33 Apfel-, 15 Birnensorten

21 x 20 cm, broschiert, 56 Seiten,
47 Farbbilder

€ 4,50

Franz Mühl

Alte und neue Apfelsorten

Wer die Vorteile der Sortenvielfalt nutzen will, benötigt keine schönfärberischen Beschreibungen, sondern sachliche Aussagen zu Standort und Pflege, Anfälligkeit gegen Krankheiten und Schädlinge, Anbauwert für den Garten und Streuobst.
325 Sorten: Altbewährte, alte, neue, Lokalsorten

21 x 20 cm, gebunden, 360 Seiten,
303 Farbbilder,

€ 19,90

Gesundheit aus dem Garten

Hermine Hofbauer

Verwertung von Obst und Gemüse aus dem Garten

In diesem Buch werden ausführlich alle häuslichen Verwertungsverfahren für alle Gartenprodukte beschrieben. Dazu kommen Hinweise für den richtigen Erntezeitpunkt, die Lagerung und natürlich viele bewährte Rezepte.

21 x 20 cm, broschiert, 156 Seiten,
154 Farbbilder

€ 13,00

Lebensraum & Ökologie

Helmut und Margrit Hintermeier

Streuobstwiesen Lebensraum für Tiere

Durch ihren nahezu einmaligen Strukturreichtum und ihre extensive Bewirtschaftung zählen hochstämmige Streuobstwiesen zu den artenreichsten Lebensräumen. Bis zu 3.000 Tierarten konnten beobachtet werden.

21 x 20 cm, broschiert, 180 Seiten,
356 Farbbilder

€ 14,50

Die Garten- und Versandbuchhandlung des Obst- und Gartenbauverlages

- Über 2.000 verschiedene Fachbücher
- Modernes Antiquariat
- Qualitäts-Gartenwerkzeuge wie Scheren, Sägen, Messer
- Fachzeitschrift »Der praktische Gartenratgeber«

Obst- und Gartenbauverlag
Herzog-Heinrich-Straße 21 · 80336 München
Telefon (0 89) 54 43 05-14/15 · Fax (0 89) 54 43 05 41
E-Mail bestellung@gartenbauvereine.org
Online-Shop www.gartenratgeber.de/shop
U-Bahnstation Goetheplatz, Parkplätze direkt vor dem Haus
Öffnungszeiten: Mo–Do 8–16.30 Uhr, Fr 8–14 Uhr

Der praktische

Garten ratgeber

Die Fachzeitschrift für Gartenfreunde und Verbandsorgan der Gartenbauvereine in Bayern

»Der praktische Gartenratgeber« erscheint monatlich und ist mit über 120.000 Lesern eine der meist gelesenen Fachzeitschriften für den Freizeitgartenbau in Deutschland. Seit 1893 verbindet **»Der praktische Gartenratgeber«** Kompetenz mit Erfahrung. Seine praxisbezogenen Artikel sind fachlich fundiert, klar gegliedert, übersichtlich gestaltet und verbinden altes Gartenwissen sinnvoll mit neuen Erkenntnissen.

»Der praktische Gartenratgeber« ist unabhängig von wirtschaftlichen Interessen. Er ist nur seinen Lesern und der Natur verpflichtet.

Unsere Themen:

- **Ausführlicher monatlicher Arbeitskalender**
- **Gartengestaltung und Pflanzenverwendung**
- **Naturgemäßer Pflanzenschutz**
- **Anbau von Obst und Gemüse**
- **Gesundheit aus dem Garten**
- **Landespflege und Ortsverschönerung**
- **Aktuelles aus Wissenschaft und Forschung für die Praxis**
- **Rezepte – Aus dem Garten in die Küche**
- **Kinder- und Jugendseite**

Auch als Geschenk-Abo!

Einzel-Abo

€ 20,00

inkl. Versand innerhalb D

Auslandsabonnement zzgl. Versandgebühren auf Anfrage

Vereins-Abo ab

€ 10,00

inkl. Versand innerhalb D

Über Ihren örtlichen Gartenbauverein besteht die Möglichkeit, den **»Gartenratgeber«** zu einem vergünstigten Preis zu beziehen.

Unsere Abonnement-Verwaltung hilft Ihnen gerne weiter:

Obst- und Gartenbauverlag
Herzog-Heinrich-Straße 21
80336 München
Telefon (0 89) 54 43 05-24
Fax (0 89) 54 43 05 41
E-Mail abo@gartenbauvereine.org

Weitere Infos unter:
www.gartenratgeber.de

Gartenbauvereine
helfen Mensch und Natur!

Freude am eigenen Garten

Die Mitgliedschaft in einem bayerischen Gartenbauverein bietet viele Vorteile:

Kompetenz und Erfahrung

Wir geben unseren Mitgliedern praxisnahe Hilfestellung zur Anlage und Pflege ihres Gartens.

Natur und Familie

Wir begeistern und sensibilisieren auch Kinder und junge Menschen für die Belange der Natur als ein lebens- und erhaltenswertes Gut.

Gartenkultur und Landespflege

Wir vermitteln Freude am Garten und leisten unseren aktiven Beitrag zur Verschönerung der Dörfer, Gemeinden und Städte durch naturnahe Gärten, Wettbewerbe, Pflanzaktionen und Patenschaften z. B. für Schulgärten, Tag der offenen Gartentür, Streuobstwiesen, öffentliche Grünflächen u. v. m.

Willkommen in einer großen Gemeinschaft

Mehr als 544.000 Mitglieder in über 3.300 Vereinen sind unter dem Dach des Bayerischen Landesverbandes für Gartenbau und Landespflege e. V. zusammengeschlossen.
Nicht nur von anderen fordern, sondern selbst anpacken und mit positiven, nachahmenswerten Beispielen neue Wege aufzeigen, ist unser Erfolgsrezept.

Seit über 100 Jahren treten wir ein für die Förderung von Obst- und Gartenbau, Umweltschutz, Heimatpflege und somit für die gesamte Landeskultur.

Ziel unserer Bildungsarbeit ist es, ein verstärktes ökologisches Verständnis bei möglichst vielen Bürgern zu wecken sowie für die Bewahrung und Förderung der Natur in Garten, Siedlung und Landschaft als »Kulturaufgabe« zu werben.
Die Dachorganisation der Gartenbauvereine ist deshalb bemüht, mit praxisnahen Unterlagen wie Bilderserien, Merk- und Fachblättern, Büchern sowie der Monatszeitschrift »Der praktische Gartenratgeber« die bestmögliche Beratung zu leisten. Darüber hinaus werden mit Schwerpunktprogrammen und Wettbewerben im ganzen Land wichtige Aktivitäten ausgelöst.

Herzog-Heinrich-Straße 21
80336 München
Telefon
(0 89) 54 43 05 - 0

Fax
(0 89) 54 43 05 34
E-Mail
info@gartenbauvereine.org

Weitere Informationen auch über die Gartenbauvereine in Ihrer Nähe finden Sie im Internet unter: www.gartenbauvereine.org oder fordern Sie unser kostenloses Faltblatt an.